U0141510

威士忌101款品飲圖鑑

101 Whiskies to Try Before You Die Fifth Edition

伊恩・巴士頓◎著

吳郁芸◎譯

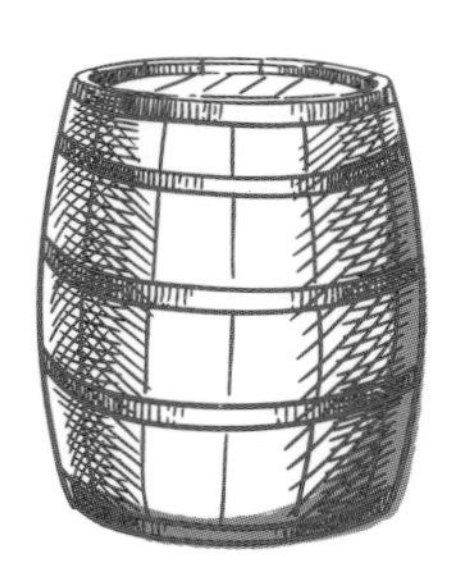

目錄

第五版前言

本書（英文版）於二〇一〇年九月首次出版，隨後於二〇一三年修訂和更新版本，二〇一六年出版了第三版，二〇一九年出版了第四版，按照三年一版計劃，第五版問世了，因為我仍在不斷追求品質和價值，遂於第五版再次進行了大量修訂，且新增了許多新的威士忌。

請容向讀者們致意。我非常感謝本書忠實的讀者，你們的熱情和支持，讓這一切成為可能！十多年前，我開始從事這個行業時，並沒有預料到會得到這樣的回響！事實上，這個專案一開始只是為了好玩，但對於威士忌愛好者來説，本書扮演了重要的角色，而且還吸引了一千零一位同好爭相效仿（總之有好幾個）！而且我與從購買本書的人士會面交談後了解到，這本書用途五花八門，它的內容更受到了大家的喜愛！

在過去兩、三年裡，我經歷了許多奇怪、艱難和不愉快的事情。我非常幸運也十分榮幸，在這段日子中，我投注了許多時間來研究和撰寫這本書，雖然沒有辦法如願實際拜訪酒廠，但透過線上視訊通話，讓我可以進行虛擬「參觀拜訪」。希望到本書付梓時，能恢復個人參觀拜訪。

價格持續上漲、「投資」和拍賣利滾利的惡性事情，造成威士忌通貨膨脹，但我認為，我找到了一些價錢划算的優質調和威士忌，以及許多令人興奮的新款裸麥威士忌可以盡情享用，而不必擔心荷包大失血！

和上一版一樣，我並沒有附上自己的品飲筆記，主要是為了騰出版面，讓各位記錄下自己的觀察，一方面是，假如各位想要品飲紀錄，在威士忌部落格圈裡，不懂裝懂的評論家已經夠多了！而且無論如何，各位應該忽略「專家」，以自己的口味為主。因此，我跳出這個圈子，各位只能靠自己了——但這樣會更有趣！我保留了價格區間（在第十頁），並對個別項目進行修訂，以反映當前訂價。

乾杯！

伊恩・巴克斯頓（Ian Buxton）

序

本書是一分與眾不同的威士忌排行榜，它不是一分獲獎名單，也不是世界上101種「最佳」威士忌的清單。

正如書名所言，這是一本關於101款威士忌的指南，威士忌粉絲確實應該去尋覓並嘗試這些威士忌——愛上它們或厭惡它們——以提升自己的威士忌知識水準（這種水準永遠不會有盡頭），更重要的是，這本書實用且實際！

這本不收錄在出版前幾周就售罄的不起眼單桶瓶裝威士忌，也不納入那些幾乎沒有人買得起的天價威士忌（即使那些人能找到這些酒）。畢竟，這有什麼意義呢？比方說，要是我推薦一款榮獲國際葡萄酒暨烈酒競賽頒發四十年陳釀蘇格蘭威士忌特別獎盃的格蘭格拉索四十年陳釀威士忌，可能會讓我顯得非常在行，至少從某種意義上說，它是我們能買到的最好的單一麥芽蘇格蘭威士忌，由一群見多識廣的專家評審（不只是一個人，也不是我）挑選出來，儘管鮮為人知，但卻是極品，而且我把它介紹出來，可說是在幫各位一個忙。但即便你能找到一瓶（事實上找不到），它現在一瓶要價超過四千五百英鎊！或是格蘭菲迪的五十年威士忌，首批售價為三萬二千五百英鎊。各位難道真的要趕快跑去買一瓶嗎？我可不這麼認為！因此，開始寫這本書時，我給自己設定了一些規則。

基本規則為：本書列出的每一種威士忌，都必須是，（一）普遍能買得到的（儘管我擔心這對英國以外的讀者來說，可能會有點不容易，不過，經過一番努力搜尋後，這些威士忌中的大多數產品，應該可以從像樣的威士忌專賣店或透過線上零售商而買到），以及（二）價格實惠（請繼續閱讀下去，各位就能明白其中的意思）。不用說，這些威士忌會入選，必定是有原因的，主要是因為在同類產品中，它們是登峰造極的典範榜樣，但有時它們會因為其他原因，而值得各位購入！有時是因為它們是由小型酒廠釀造的，在企業的浪潮中，它們反潮流而行；但也可能只是因為某種特定的威士忌，實在不尋常到各位不得不嘗試一下！這也可能會讓各位想起一些並不陌生，卻卻有點被遺忘的產品。但願更多的時候，這本書會讓各位發現到一些全新的、意想不到的以及令人驚喜的世界！最重要的是，這本書所寫的是去啜飲威士忌，而不是去收藏威士忌！

因此，我排除了一次性裝瓶或單一桶裝的威士忌，因為它們根本不夠分給每個人品飲。我也忽略了那些在我看來主要是為了收藏家而設計的威士忌。說不定更重要的是，我非常謹慎理智地審視了零售價格，在一家典型的英國威士忌商店裡，一旦威士忌的售價超過一百五十英鎊，我就會嚴格挑選；要是價格達到五百英鎊或以上，我會非常挑剔；倘若價格突破一千英鎊，我會直接忽略這種酒！所以——裝在各位那萊儷水晶醒酒器裡的麥卡倫57年陳釀優質精華威士忌，抱歉了！還有我們也要跟大摩62年陳釀*1道別囉！再來要告別的是阿貝（Ardbeg）的豪華雙槍*2。儘管你們或許很美味，不過夢幻價格並不適用於這本書！讓我們面對現實吧，這本書是為威士忌酒徒寫的，而不是為了某些財閥富豪撰寫！

此外，由於我不相信「世界上最好的威士忌」這種簡單化和簡化的概念，所以所有參賽威士忌都是按照字母順序排列的。

更不同的是，沒有任何一款威士忌被「打分數」。再重申一次，我不認為各位應該遵循某個人的個人喜好和或多或少獨特的評分系統（大多數品酒書的內容都是如此）。我認為一百分評分系統行不通的原因有幾個，尤其是，任何一個人都能持續可靠地區分出九十二分和九十三分的威士忌，半分之差則更是荒謬，在我看來，「世界上最好的威士忌」這件事顯然是令人感到啼笑皆非的，所以我們就不討論這個問題了。

事實上，最好聽取威士忌教父埃涅阿斯・麥克唐納（Aeneas MacDonald）的建議，在一九三〇年時，他建議獨具慧眼的飲酒人士學會用「自己天生的智慧、鼻子和味覺來指導自己」來判斷威士忌，這番話字字珠玉啊！

但威士忌太多，時間太少。隨著威士忌的世界幾乎每天都在擴大，一位經驗豐富的嚮導可能會有一定的價值，即使只是為各位指明新的方向，並建議一些各位可能沒有考慮過的、未經探索而且讓各位滿載而歸的冷門領域和方式，在這裡面有蘇格蘭、美國、愛爾蘭、日本和加拿大的威士忌，還有一些來自瑞典、印度、澳洲、臺灣、芬蘭、威爾斯和其他意想不到的威士忌生產國，甚至連英國也入選了。因此，我努力採用廣泛的方法來探索威士忌，並在力所能及的範圍內，收錄一些我個人並不特別喜歡但被視為同類威士忌典範的威士忌。

那我是如何匯總這個清單的呢？答案不只一個。

首先，我在威士忌產業工作了近三十年（雖然並不總是感覺像在「工作」），運用了自身的知識和判斷力，為許多酒廠提供諮詢，擔任過蘇格蘭一家頂尖的單一麥芽威士忌的市場總監，創建並舉辦過世界威士忌會議；撰寫過大量關於威士忌的文章；還擔任過不計其數競賽的評審團委員。因此，儘管我仍在學習威士忌，而且幾乎每天都有新的發現，但我有幸品嘗過滿坑滿谷迥然不同的威士忌，並認為自己對它們和釀造者略知一二。

其次，我研究了同行的看法，我主要會觀察一些重要比賽——好比國際葡萄酒暨烈酒競賽、舊金山世界烈酒競賽、威士忌雜誌（Whisky Magazine）舉辦的世界威士忌競賽，以及更多非正式獎項，譬如麥芽狂人俱樂部Malt

Maniacs頒發獎章的主要獲獎者，F.・保羅・帕庫爾特（F. Paul Pacult）*3等知名人士的品飲筆記以及在各種國際威士忌雜誌上刊登的品飲筆記都讓我注意到了不同的威士忌。

撰寫本書時，我的居住地英國大約有一百四十家威士忌酒廠在營運（蘇格蘭以外的酒廠數量也多到令人印象深刻），但由於這個行業不斷變化的特質，在各位讀到這本書時，這個數字可能已經是錯誤的了。如果把美國迅速擴張的「精釀、手工藝」類別計算在內，全世界各地有——哦，我不知道，二千家左右的酒廠吧！應該是這樣，說不定還有更多，我想沒有人會一直去統計。

它們還在不斷開業，過去十年來，威士忌行業首屈一指最令人興奮的事情，就是世界各地新酒廠的擴增，尤其是美國和「新」威士忌生產國的精品手工精釀酒廠。

很多酒廠都設有優質出色並提供豐富資訊的遊客中心，不過開放時間和季節各不相同，因此，我沒有透露具體細節，但建議各位提前上網或打電話確認它們的開放時間。

我們現在可以從蘇格蘭、愛爾蘭、加拿大、美國、日本、印度、瑞典、比利時、瑞士、澳洲、法國、奧地利、捷克共和國、英格蘭、威爾斯、芬蘭、德國、荷蘭、俄羅斯、紐西蘭、巴基斯坦、土耳其、韓國和南非購買威士忌，顯然，巴西、尼泊爾、烏拉圭、冰島、以色列和委內瑞拉甚至都有威士忌酒廠， 事實上，現在要找到一個不生產威士忌的國家搞不好更容易！不過，不可避免的是，本書中大約一半的威士忌都來自蘇格蘭，這使得來自我祖國的威士忌總數達到了令人印象深刻的五十七種，但是，我選擇的威士忌中，有近一半來自美國、日本和其他國家，這反映出「世界威士忌」的受歡迎程度、影響力和品質與日俱增，我可以向各位保證，各位一定會印象深刻！

因此，假如各位考慮到所有這些國家都可以生產出任何數量的「單一麥芽」威士忌，並根據年分、酒桶類型、餘韻等加以區分，而且其中大多數國家都是這樣做的，接著再加上調和威士忌以及本土非蘇格蘭風格的威士忌，好比波本威士忌、裸麥威士忌等，在這座理想中的天地裡，各位就會明白，品嘗這些威士忌代表著得來不易的一生不懈努力！

這本書可以讓我們不一定要灑一堆鈔票，才能找到真正精彩或有趣的威士忌！事實上，直到完成這分口袋名單後，我才去查詢價格。

但理所當然，價格也是隨時在變動，尤其是稅率和關稅會變更、產品被促銷，或者通常對消費者不太有利的產品被「重新定位」，正如行銷人員所希望的那樣。要是各位在距離我數千英里之外閱讀這本書，那價格也會有所不同，因為在那裡，長途進口產品的成本可能較高，而本地瓶裝產品的成本可能較低。

然而，英國的高稅率一直令許多國家的遊客直呼不可思議，他們經常覺得好奇：「為什麼威士忌在蘇格蘭比在我們國家還要貴？」要想知道答案，請向蘇格蘭政府提出申請，在撰寫本書時，政府從一瓶標準蘇格蘭調和威士忌的零售價中，抽取約四分之三的消費稅和增值稅。不過好消息是，隨著大家購買更好的瓶裝威士忌，稅收比例也下降了——教訓很明顯啊！

世界上有幾千種威士忌，甚至說不定有上萬種！沒有人真正知道。因此，就像一個老笑話講的那樣，這是一項艱鉅的工作，但總得有人去做。我為各位挑選了101款威士忌，讓各位盡情欣賞品嘗，省去各位好幾個小時的無聊沒趣苦工！各位不必感謝我，買這本書就可以囉！

每一款威士忌都有條目，說明威士忌和生產商，以及附上一些我希望各位會覺得有用且有趣的背景資訊。各位還可以找到一個空間，來記錄自己的購買、個人的喜愛，以及品飲筆記，我認為這些對各位來說，比我的觀點更重要，儘管我可能會覺得這些觀點很吸引人！

各位，那就出發吧！

Sláinte!（蘇格蘭語的乾杯）

以下是一到五等級的關鍵（1英鎊約42元新台幣）：

1 低於25英鎊　2 25至39英鎊　3 40至69英鎊

4 70至149英鎊　5 150英鎊以上

插播一則最新重大新聞！稍早時，我提到了有五十七款威士忌來自蘇格蘭，剛剛查了一下，令我目瞪口呆的是，在這本最新的第五版書中，蘇格蘭威士忌隊伍數量實際上有所增加！這不在我預料之中，也並非我有意識計劃這樣做，但這恰恰說明了，在蘇格蘭這個古老的國度裡，仍然可以找到價值連城的東西——讓我們在山丘和峽谷裡歡呼雀躍吧！更不用說在蘇式赫爾街（蘇格蘭最大城市格拉斯哥市中心的主要街道）持有外賣酒類執照的商店裡興奮喝彩了！

1

製造商	起瓦士兄弟有限公司 Chivas Brothers Ltd
酒廠	斯佩塞區的亞伯樂酒廠 Aberlour, Speyside
遊客中心	有
哪裡買	銷售點遍布全球
網址	www.aberlour.com
價格	

產地

年分

評鑑

亞伯樂（Aberlour）

原酒系列（A’bunadh）

起瓦士（Chivas'）吸引力十足的亞伯樂酒廠座落於同名小鎮的入口處——各位絕對不會錯過它——而且，當車子往北行駛，對面就是蘇格蘭皇家的奶油酥餅工廠，因此，亞伯樂無疑可以讓老饕吃好吃滿！遺憾的是，雖然可以參觀原始的蘇格蘭皇家商店，不過他們的工廠並不對外開放，而亞伯樂酒廠則是門戶大開，讓大家可以借酒澆愁一番！除非各位特別青睞烘焙食品，要不然也可以泡在這座酒國裡樂不思蜀！

但是，原酒系列將會是一款多令人欣喜的慰藉威士忌啊！這種原桶強度*[4]威士忌在過去幾年中聲名大噪，俘獲了大批熱情信徒的心，他們對這款斯佩塞德麥芽威士忌馥郁且濃厚飽滿的風味讚不絕口！要是各位到訪，該酒廠還會提供無懈可擊的「亞伯樂酒廠體驗」，大家可以直接從酒桶中裝瓶自己的威士忌（須預訂）！在兩次斯佩塞*威士忌*酒節（Speyside whisky festival）期間，這裡也會舉辦許多精彩的活動，當然，附近還有許多其他一流的酒廠也很樂意讓各位靠自己的汗水去裝酒喔！

起瓦士威士忌的行銷團隊顯然是把一本蓋爾語字典都吞進了肚裡！所以，除了名字會把人考倒的A'bunadh（原酒系列，發音為a-boon-ah，意思是「起源」）之外，他們還推出了包括Casg Annamh（珍稀橡木桶），與其他幾種在不同年分發表的威士忌，以及一些限量裝瓶的威士忌。*原酒*系列本身未經冷凍過濾，而且具有最完整的原桶強度，該威士忌背後的理念是複製完全在西班牙橡木澳羅洛梭（oloroso）*[5]雪利酒（sherry）*[6]桶中熟成的十九世紀風格威士忌。因此，假如各位喜歡傳統的麥卡倫（Macallan）*[7]或格蘭花格（Glenfarclas）*[8]，一定會愛上這款威士忌！

請注意，這款威士忌是分批次推出的，因此，假若各位發現自己特別喜歡某一批，不妨在賣完前先搶購幾瓶！同樣地，各位也要不斷嘗試，說不定還可以把某一批威士忌與另一批威士忌進行比較，這樣也會很有趣。而且這種品質和濃度的威士忌〔通常酒精濃度（abv）*[9]標示在60%左右〕是相當平價的，最近一批的價格預計約八十英鎊。

品飲筆記

色澤 ………………　**嗅覺** ………………

味覺 ………………　**餘韻** ………………

2

製造商	格蘭菲迪酒廠 William Grant & Sons Distiller's Ltd.
酒廠	未公開
遊客中心	無
哪裡買	銷售點遍布全球
網址	www.aerstonescotchwhisky.com
價格	

產地

年分

評鑑

艾爾史東（Aerstone）

海洋桶／陸地桶

如果等待的時間夠長，一切似乎都會有轉機，甚至連希伯尼足球俱樂部也都贏得蘇格蘭足協盃了（可惜如今這已經成為遙遠的回憶，但希望仍在……）！現在還有一些打算簡化麥芽威士忌的品牌，比方說手工烈酒公司（The Artisanal Spirits Company）的J. G.湯姆森（J. G. Thomson）系列（請參閱第52款威士忌）。

儘管愛丁頓集團早些時候與易飲威士忌公司（Easy Drinking Whisky Company）合作進行的一項實驗指出，幼稚的形容方式並不會比狂熱的方式更能激起新客群（假設有的話）的興趣，不過行銷人員卻一整個腦袋裡似乎全是「傳統威士忌語言」需要「解碼」的想法。

不過，艾爾史東由格蘭菲迪酒廠出品，該公司擁有無可挑剔的單一麥芽威士忌品質，因此說不定時機是正確的，而且市場已經準備就緒。該公司在威士忌發表會上聲稱，艾爾史東將藉由「兩種從口味上來說的明確選擇」，「讓世人更清楚地了解單一麥芽威士忌的口味特徵」。這兩種選擇是指海洋桶或陸地桶，它們的差別在於威士忌是在哪種木桶裡陳釀的，就是這樣。

雖然沒有標明酒廠，不過大家不必是福爾摩斯，也能猜得出這是格蘭父子位於格文（Girvan）附近的艾沙貝（Ailsa Bay）酒廠，因而可以釀造出的低地單一麥芽威士忌——不過，要是各位覺得這些惹人厭的專業術語很嚇唬人，我要說聲抱歉！讓人耳目一新，或許也是讓某些人感到欣慰的是，取消威士忌年分說明的趨勢被忽視了：這兩款酒都是十年陳釀，到目前為止，一切都不錯！對威士忌一族來說，艾爾史東提供了一個有趣的機會，可以比較和對比來自同一酒廠、同一年分的兩款威士忌，區別僅在於熟成工藝和機制；針對剛接觸威士忌的人，我則是會建議有一個很簡單的選擇：選「醇厚且順口」（即海洋桶）還有「濃郁而煙燻」（即陸地桶）。

在上一版本的書中介紹這些威士忌時，我還真有點擔心，因為它們最初是英國特易購（Tesco）超市的獨家商品，這個品牌搞不好不會存在太久……令人高興的是，各位儼然已經認識到了這本威士忌書所提供的價值——艾爾史東現在可以在大多數超市和格蘭菲迪酒廠自己的線上購物網站找得到了！也就是名稱古怪的「Clink」網站。

品飲筆記

色澤 ________ 嗅覺 ________

味覺 ________ 餘韻 ________

3

製造商	雅沐特酒廠有限公司 Amrut Distilleries Ltd
酒廠	印度邦加羅爾市的雅沐特酒廠 Amrut, Bangalore, India
遊客中心	有
哪裡買	專賣店
網址	www.amrutdistilleries.com
價格	

產地

年分

評鑑

雅沐特（Amrut）

融合（Fusion）

在一場曠日持久的貿易糾紛中——這場紛爭幾乎跟《東區人》（*EastEnders*，英國長篇電視肥皂劇）的加長版聖誕綜合劇集一樣冗長，但卻比後者加倍精彩——大多數標有「威士忌」字樣的印度烈酒都不能在英國和歐盟銷售，這是因為印度酒一般都是用糖蜜釀造，在我們看來就是蘭姆酒。因此，作為報復，印度政府和組成印度的各邦徵收苛刻的進口關稅，而世界其他威士忌產業則悲傷地認為這是非法的貿易限制。

印度是一個龐大的威士忌市場，而且擁有一些大型製造商——不過，除了出口銷售人員對這一點瞭若指掌，在英國卻鮮為人知。印度的一些品牌，比方說風笛手（Bagpiper）和麥克道威爾（McDowells）（想不透他們怎麼會取這些名字）的銷售量其實很跌破大家的眼鏡！

不過，躋身這分威士忌口袋名單的這款印度威士忌，實際上是由印度一家成立於一九四八年的小型獨立公司——雅沐特酒廠有限公司所釀造。它是真正的單一麥芽威士忌，僅用發芽的大麥芽、水和酵母釀製而成。這並不是說蘇格蘭的飲酒者對二○○四年首度問世的產品印象深刻，不過，這也證明了兩件事：一是一定程度的封閉性！因為在朦瓶試飲時，它的表現確實非常好；二是雅沐特的管理階層非常專心致志又堅定不移，他們決心要在蘇格蘭威士忌的故鄉取得成功。

他們確實做到了！融合和許多其他創新威士忌在競賽中受到好評，獲得了有影響力的評論家和雜誌交口稱譽，許多競爭對手紛紛跟進這種第一款印度單一麥芽威士忌，好比位於印度西岸果亞邦（Goa）的保羅約翰酒廠（請參閱第82款威士忌）和拉姆普爾酒廠（請參閱第83款威士忌）都生產出優質的產品。現在很少有人對印度威士忌表示質疑，到二○一七年，雅沐特已將自家的威士忌出口到全球四十多個國家！

融合是一款與眾不同的產品，這款酒獨特處在於它以喜馬拉雅山上的印度大麥與蘇格蘭的泥煤作燃料，燻烤發芽的大麥結合在一起，裝瓶時酒精濃度為50%，儘管有額外的關稅，而且是跨越半個地球運來的，但每瓶不到六十英鎊的價格仍然相當物超所值！

品飲筆記

色澤 ………… 嗅覺 …………

味覺 ………… 餘韻 …………

4

製造商	阿爾比奇高地莊園 Arbikie Highland Estate
酒廠	安格斯郡阿布羅斯鎮因弗基勒村附近的阿爾比奇酒廠 Arbikie, nr Inverkeilor, Arbroath, Angus
遊客中心	有
哪裡買	專賣店
網址	www.arbikie.com
價格	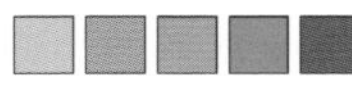

產地

年分

評鑑

阿爾比奇（Arbikie）

1794阿爾比奇高地裸麥威士忌（1794 Highland Rye）

我考慮許久，才決定把它寫進這分口袋名單裡。這款威士忌有很多優點，不過一七九四年高地裸麥威士忌未經陳釀，以年代久遠的生產年分批次發售，價格遠遠超過一百英鎊，這對一個相對較新且名不見經傳的公司來說，是個不小的數字——尤其他們還以大約三分之一的價格供應伏特加和琴酒。

這是蘇格蘭的第一款裸麥威士忌（還請另參閱英奇戴尼酒廠的黑炫峰單一黑麥蘇格蘭威士忌，第51款威士忌），而且他們正在從事很多創新、有創意的事，符合當今的世界潮流，也跟我們希望傳給子孫後代的世界相吻合，因此把它列入這分口袋名單是完全值得的！且各位不能說我沒有提醒過價格的問題！

事實上，大家真的要去了解更多！對一家新酒廠來說，它的遊客中心規模令人印象深刻，可以俯瞰莊園田野的壯麗景色（所有穀物都種植在這裡），穿過寬闊的海灣，一路眺望到波光粼粼的北海——實際上這裡是蘇格蘭陽光最充足的地區，年日照時數約為一千五百小時，儘管這裡並不是傳統的威士忌產區。

因此，標榜「一七九四年」只是那些略顯似是而非、主張是珍傳的其中一種做法。當時這裡就有一家酒廠，大概是以一般的小型農場型態在運作著，但早已沉寂，被人遺忘。這是門全新的生意，代表他們藉此機會，將當今的永續發展、本地發電和從作物到瓶裝生產等理念融入其中，以盡可能減少食物里程，同時回顧一九六〇年代酒莊主家族在這裡種植的一些大麥品種。我們最終將在本十年末推出的單一麥芽威士忌中看到這些元素。

要是各位不想跟伏特加打交道（老實說，誰會想？）不妨試試阿爾比奇美味、甜美、辛辣的裸麥威士忌吧！為了符合現行法規，它被貼上了「單一穀物蘇格蘭威士忌」的標籤，但直到十九世紀末，蘇格蘭的威士忌蒸餾一直使用的是裸麥，因此，阿爾比奇大可耀武揚威自己是失傳的文化傳統。今天的消費者會尊重並欽佩阿爾比奇的公開透明，因為在他們優雅的包裝上，阿爾比奇鉅細靡遺介紹了他們生產的每一個環節的大量細節。

品飲筆記

色澤 .... 嗅覺 ....

味覺 .... 餘韻 ....

5

製造商	格蘭傑酒廠（被酩悅・軒尼詩—路易・威登集團接管）
酒廠	蘇格蘭艾雷島的雅柏酒廠 Ardbeg, Islay
遊客中心	有
哪裡買	銷售點遍布全球
網址	www.Ardbeg.com
價格	

產地

年分

評鑑

雅柏（Ardbeg）

10年（Ten Years Old）

各位說不定很清楚自己對雅柏酒廠有什麼看法，不過我必須老實說，我真的拿不定主意！我喜歡這個地方，欽佩那裡所做的一切，也感謝自一九九七年重新開業以來，一直支持這家非常出名的艾雷島酒廠的大批熱情鐵粉！它有一個很棒、很受歡迎的遊客中心，供應我能想得到的所有酒廠餐點飲食中最棒的美食（甚至當地人也會去）。他們在一年一度的艾雷島音樂和威士忌節（Fèis Ìle）中推出了精彩絕倫的盛宴，這裡還有一個討喜的自炊式小屋，裡面有各位所見過最特別前衛的燒木柴爐子，我自己也添購了一個！

但跟這場饗宴相反的是，我發現雅柏酒廠的許多宣傳，都是以故作「簡樸」為基調的，尤其是那些愈來愈牽強的公關活動，以及暗示這是一家為了生存而與冷酷無情的企業大鯨魚抗爭的獨立小蝦米。但事實上，雅柏酒廠是全世界數一數二最大的奢侈品公司——酩悅・軒尼詩一路易・威登集團（LVMH）旗下的公司。不過，平心而論，除了幾款「奢侈」威士忌外，雅柏威士忌價格倒是相當合理，不過要想買到限量版威士忌，還是得搶快！

不可否認的是，現任團隊表現得可圈可點，只要各位喜歡泥煤味威士忌，雅柏酒廠的確能釀造出深受大家喜愛的威士忌，這款威士忌可以說是艾雷島威士忌的標杆，可以根據它來評判所有其他威士忌，因此呢，我們會對它的作為睜一隻眼閉一隻眼。

這款標準威士忌是「入門級」的10年陳釀，蘇魔克（smokehead）威士忌的死忠派和泥煤狂都對它讚嘆不已！雅柏酒廠的蒸餾器與艾雷島上的其他蒸餾器不同，它的蒸餾器更高，而且在烈酒蒸餾器上還裝有一個奇特的淨化器，這兩者加在一起，讓這款泥煤味極濃的威士忌變得更加細膩精緻。當然，這是一款真正複雜的威士忌，無論各位鍾愛還是討厭它，都必須至少品嘗一次它更細膩、非冷藏狀態下的口感。

此外，假若各位去了雅柏酒廠，千萬別錯過老窑咖啡館（Old Kiln Cafe）！這裡的美味佳肴值得大家來一趟！

品飲筆記

色澤		嗅覺	
味覺		餘韻	

製造商	艾倫島酒廠有限公司 Isle of Arran Distillers Ltd
酒廠	艾倫島洛蘭莎村的艾倫島酒廠 Isle of Arran, Lochranza, Isle of Arran
遊客中心	有
哪裡買	銷售點遍布全球
網址	www.arranwhisky.com
價格	

艾倫（Arran）

10年（10 Years Old）

看著一個戴著平頂帽的中年大叔滔滔不絕地談論威士忌——用二十分鐘講完五分鐘就能結束的內容——可能不是各位想像中的有趣！但請容我慢慢道來，我說的毋庸置疑是令人敬畏的拉爾菲（Ralfy），他是威士忌之窩（Whisky Bothy）的主持人、當家、作者，名副其實的威士忌行家，他的影片可能很冗長，但其中包含了許多簡樸哲學、威士忌智慧，以及對威士忌產業及其公關形象包裝高手的冷嘲熱諷，我對他的評論深表贊同。

他讓我重新思考艾倫島酒廠，儘管我讀過一本由老友兼同事尼爾·威爾遜（Neil Wilson）撰寫的名為《The Arran Malt: An Island Whisky Renaissance》（暫譯，艾倫島麥芽：島上的威士忌重現江湖）一書，不過我還是因為對他們的努力覺得有點意興闌珊而一直感到內疚。許多年前便認為，沒有令人信服的理由來建造這座酒廠，他們要想大展鴻圖，可能需要資本雄厚加上無比的耐心才行。不過，值得慶幸的是，他們找到了既有時間又有資金的人來共襄盛舉，而他們的毅力和獨立精神讓我們受益匪淺！

不過，我覺得早期發表的威士忌大多都不怎麼樣，所以就放棄了艾倫島酒廠，這真是大錯特錯啊！最近我又去參觀了艾倫島酒廠，當時第二家酒廠正在開發中，他們的進步讓我留下了深刻印象。但拉爾菲一篇東拉西扯的評論，說服我重新審視這款10年單一麥芽威士忌。

自一九九五年成立以來，艾倫島酒廠已經取得了長足的進步，因此，我很高興能在這裡向發現到的艾倫島酒廠威士忌品質和價值致敬！這款未經冷凍過濾、色澤自然、酒精濃度為46%的威士忌，售價不到四十英鎊，這種條件已經沒什麼好嫌棄的了！歷史悠久的酒廠都很樂意把自己的名稱標示在這款威士忌上！正如在蘇格蘭西部，大家都會說的那樣——這是一款「討人喜歡的小甜甜」！不容錯過！

如果晚上有空，大家一定要順道去逛逛拉爾菲威士忌之窩（Ralfy's Whisky Bothy），這片天地獨樹一幟！

品飲筆記

色澤 .... **嗅覺** ....

味覺 .... **餘韻** ....

7

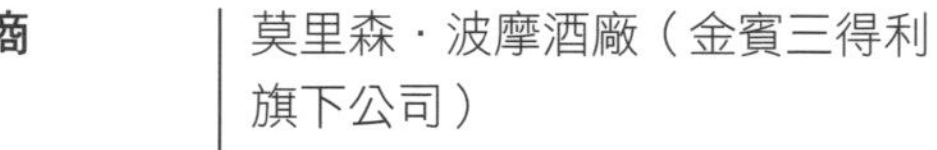

製造商	莫里森．波摩酒廠（金賓三得利旗下公司） Morrison Bowmore Distillers（Beam Suntory）
酒廠	格拉斯哥市附近的鄧米爾區歐肯特軒酒廠 Auchentoshan, Dalmuir, nr Glasgow
遊客中心	有
哪裡買	銷售點遍布全球
網址	www.auchentoshan.com
價格	

產地

年分

評鑑

歐肯特軒（Auchentoshan）

美國橡木桶（American Oak）

天啊！這款小小的好東西似乎降價了！沒錯，就是這樣！」我可以聽到各位在驚呼，不過要是貨比三家四處逛逛，從二十五英鎊起就能買到好東西，老實說，這非常公平！

真正的、傳統的低地風格蒸餾——也就是說，像大多數愛爾蘭威士忌一樣，進行三重蒸餾——這種蒸餾法是相當適合飲用的（相比之下，有一些英國威士忌則是溫和）。

為了全面且完整掌握並了解這款威士忌而去參觀歐肯特軒酒廠時總是令人愉快！因為這家展示酒廠被它的所有人莫里森・波爾（Morrison Bowmore）精心維護著。該酒廠一八一七年左右在開闊的鄉村建成，從那時起，酒廠周圍就開始開發住宅區。現在，該酒廠緊鄰克萊德河（River Clyde）上引人注目的厄斯金橋（Erskine Bridge），在明顯的都市環境中，它顯得奇怪、不合時宜。廠主充分利用了這個地理位置，不僅開設了一個精美的遊客中心，還為商業市場提供會議設施。

近年來，歐肯特軒威士忌的種類有增無減，並推出了多種不同的威士忌品種，但遺憾的是，都沒有年分超過21年的威士忌。總的來說，歐肯特軒的風格輕盈精緻，但令人驚訝的是，倘若能適當謹慎地處理，歐肯特軒威士忌還能完美適應過桶（cask finishing）——色調較深的三桶（Three Wood）和名字教人膽戰心驚的紅木桶（Blood Oak）就是精明選擇橡木桶的典範。

歐肯特軒威士忌三重蒸餾工藝釀造出的烈酒口感順滑、非常純淨，過桶持久酒精濃度超過80%，對於壺式蒸餾器（pot still）的產量來說是非常高的！

假如各位不了解這款威士忌，那麼我建議各位從入門級的美國橡木桶威士忌開始，它未經陳釀，而且輕柔、奶油味般的風格，很容易贏得人們的青睞。要是各位對它意興索然，或覺得想要更多的酒體（body）*10，請不要絕望——它溫和的風格是威士忌雞尾酒的絕佳基酒，既能提供強勁的口感，又不會破壞所需的風味，還有很多值得探索的地方。

品飲筆記

色澤 .... **嗅覺** ....

味覺 .... **餘韻** ....

8

製造商	因弗豪斯酒廠有限公司 Inver House Distillers Ltd
酒廠	羅斯郡愛德頓村的巴布萊爾酒廠 Balblair, Edderton, Ross-shire
遊客中心	有
哪裡買	專賣店
網址	www.balblair.com
價格	

產地

年分

評鑑

巴布萊爾（Balblair）

12年（12 Year Old）

巴布萊爾酒廠終於放棄推銷有年分的威士忌，和其他酒廠一樣，他們得到的結論是，借用植根於葡萄酒的哲學，根本無法滿足威士忌一族的需求，因為多年來，他們一直被告知年分是威士忌品質的決定因素（順便提一句，這根本不是故事的全部，不過我們現在不要擔心這個）。

不可否認的是，熟成時間成為一個冠冕堂皇的理由，讓人大可去漫天喊價，而且不少人也開始相信，熟成時間愈久，味道和品質就愈好。我認為，如果有夠多的人相信這一套，這就會成為他們的「真理」——而且它確實會讓銷售人員和零售商的日子變得輕鬆、愉快無比！其他人則主張我們應該更關注風土（又是葡萄酒的影響）、大麥品種或酒桶類型——正如俗話所說的，一分錢，一分貨。

我曾在上一版書中提到：「烈酒的特性每年都不同……巴布萊爾酒廠堅持自己的立場是非常好的。這樣一來就為貨架增添了琳瑯滿目的產品，而且在銷售方面也絕對奏效」，可能我最後那句話有點不正確吧！因為這家相對默默無聞的羅斯郡酒廠（它離名氣更響亮、更有魅力的格蘭傑酒廠不遠，都在同一條路上）現在提供的是陳釀12、15、18和25年的外觀夠傳統的系列，旅行零售系列中還出現一款陳釀17年的威士忌。

巴布萊爾酒廠是蘇格蘭現存名列前茅最古老的釀酒廠，它的經營方式非常傳統，是總部位於艾爾德裡市的因弗豪斯酒廠有限公司所擁有、並改弦更張的組織之一，因弗豪斯酒廠有限公司本身是泰國釀酒企業集團（Thai conglomerate InterBev）的子公司。倘若各位還沒參觀過，那麼觀賞肯．洛區（Ken Loach，英國獨立電影與電視導演編劇）二〇一二年的電影《天使威士忌》（*The Angels' Share*），可以讓各位一睹巴布萊爾酒廠的風采。

之前，我建議從二〇〇五年單一年分的威士忌開始品嘗，現在這款酒已經停產了，所以我們必須從口感濃郁、微甜、帶有美味柑橘香味的12年陳釀開始。

品飲筆記

色澤 .... **嗅覺** ....

味覺 .... **餘韻** ....

9

製造商 巴利基夫酒廠有限公司
Ballykeefe Distillery Ltd

酒廠 爾肯尼郡卡夫斯格蘭奇鎮巴利基夫酒廠
Ballykeefe, Cuffsgrange, County Kilkenny

遊客中心 有

哪裡買 專賣店

網址 www.ballykeefedistillery.com

價格

產地

年分

評鑑

巴利基夫（Ballykeefe）

單一莊園（Single Estate）

聽從巴利基夫威士忌經銷商的建議，二〇二二年三月，我在萊德伯里（Ledbury）市的富麗堂皇乾草酒莊（Hay Wines）舉辦了英國首次指導消費者品嘗巴利基夫單一莊園單一麥芽威士忌的品酒會。順便說一句，要是各位來到了這個又小又可愛的赫里福德郡（Herefordshire）集鎮，一定要順便品嘗一下他們精選的優質葡萄酒和烈酒。

這是一種享受和特權，對幸運的觀眾來說也是一種令人愉快的款待，尤其因為這是一個真正的珍品——這是一家獨立家族擁有的莊園酒廠，這裡的三重蒸餾威士忌是用在一百四十英畝的家庭農場上播種、種植和收穫的大麥釀製而成的，這個從釀造的穀物原料到玻璃酒杯的計畫已經進行了二十五年。

更重要的是，作為這片土地的長期守護者，摩根．金和安妮．金以及他們的家人矢志堅持高生態標準，其奉獻令人欽佩！他們的工作方式已獲頒多個獎項肯定，而且他們加入並取得了愛爾蘭食物局的「源於綠色（Origin Green）」計畫成員資格，認可他們在永續性和環境保護方面所做的努力，這是他們的精神和業務目標的核心。

與許多白手起家的新企業一樣，巴利基夫酒廠早期階段主要是生產琴酒、伏特加以及波丁酒（愛爾蘭的酒），這些一次性產品是穩定的暢銷品。投資程度從巴利基夫酒廠的網站上可見一斑，他們的網站自豪地展示著閃亮的新義大利蒸餾器，事實證明，這是兩百多年來，基爾肯尼郡第一家（合法）威士忌酒廠，巴利基夫酒廠認為自己正在恢復一項失落的傳統，即在家庭農場生產愛爾蘭威士忌。

儘管愛爾蘭的酒廠迅速激增，新的酒廠如雨後春筍般開業，但很少酒廠擁有這樣的資格和深厚的社區根基，威士忌產業的大部分酒廠經營運作仍然由大型和超大型企業主宰，因此巴利基夫酒廠更加炙手可熱，值得在此擁有一席之地！

目前大家在等待的還有100%單一裸麥威士忌，這是第一款在愛爾蘭生產的威士忌。裸麥是一種極具挑戰性，但也是回報豐厚的蒸餾穀物，因此這款威士忌能讓這家相對較新的酒廠展現出它的雄心壯志，我們會密切關注！

品飲筆記

色澤 .... **嗅覺** ....

味覺 .... **餘韻** ....

10

製造商 格蘭菲迪酒廠
William Grant & Sons Distillers Ltd

酒廠 班夫郡達夫鎮的百富酒廠
Balvenie, Dufftown, Banffshire

遊客中心 有

哪裡買 專賣店

網址 www.thebalvenie.com

價格 

產地

年分

評鑑

百富（The Balvenie）

21年波特桶（PortWood, Aged 21 Years）

這款威士忌的價格接近二百英鎊，讓人大呼吃不消！我一直在慎重考慮要不要把它列入這分口袋名單中，不過，大多數21年陳釀威士忌的價格都上漲了，雖然我還記得當時花七十五英鎊左右就能買到這款威士忌，但我還是堅持要推薦它。

畢竟，這不是我們每天都能喝到的（好吧，反正至少我不是），而且在特殊場合裡來點威士忌，永遠是一件美好的事！這款威士忌就是波特酒過桶的一個非常、相當優異的例子，也是我十分愛不釋手的！它由格蘭菲迪酒廠的傳奇調酒大師、獲頒最優秀大英帝國勳章員佐勳章的大衛·史都華（David Stewart MBE）調製，這種做法也很罕見。對我來說，這是一項了不起的成就，充分證明了史都華的崇高聲望，因為他一生都在從事這個行業，並廣受同行敬重。

如今，他已「半退休」，正在指導他選定的關門弟子凱西·麥肯尼（Kelsey McKechnie），後者擁有愛丁堡赫瑞瓦特大學（烈酒生產界的牛津大學和劍橋大學）釀造和蒸餾碩士學位。這一點與大衛自己在一九六二年八月以股票職員的身分進入威士忌世界時的經歷形成了鮮明對比，他的面試官輕描淡寫地（不是激動興奮地）下結論——大衛「做得來！」如今，他被視為一座橋梁，連結起已失落的行業世界和當今時代。

這些年來，發生了許多變化，其中之一就是格蘭菲迪酒廠對百富威士忌的品質給予高度評價。百富威士忌以手工鋪地發芽——蘇格蘭其中一種最後釀造工藝——而聞名，跟它的兩個同類產品——紅透半邊天的格蘭菲迪威士忌（請參閱第43款）和鮮為人知的奇富（Kininvie）威士忌形成了驚人的對比。

多年來，這裡一直在舉辦一場精彩的參觀之行，儘管價格不菲，卻能讓人深入了解百富威士忌的生產情況，最後還能嘗遍各種陳年威士忌，達到活動的高潮！這麼想，這款波特桶威士忌的標價似乎就相當合理了！

想更深入了解百富酒廠祭出了什麼優厚的好處嗎？我推薦大家閱讀由百富酒廠贊助的短篇小說集《Pursuit》（暫譯，追求）。這不是我的作品，不過百富酒廠支持新著作的精神值得稱許！其他品牌的威士忌可得注意了！

品飲筆記

色澤		**嗅覺**	
味覺		**餘韻**	

11

製造商 | 百富門公司 Brown-Forman Corporation
酒廠 | 蘇格蘭摩瑞區埃爾金鎮的班瑞克酒廠 Benriach, Elgin, Morayshire
遊客中心 | 有
哪裡買 | 專賣店
網址 | www.benriachdistillery.com
價格 | 

產地

年分

評鑑

班瑞克（Benriach）

12年（The Twelve）

班瑞克酒廠（人們曾經這樣稱呼它）被威士忌產業的泰山北斗比利．沃克（Billy Walker，他不時會在這本書裡露臉）重振旗鼓，但後來與姊妹酒廠——格蘭多納（Glendronach）和格蘭格拉索（Glenglassaugh）一起被賣給了百富門公司。百富門旗下的子公司包括了傑克丹尼酒廠（Jack Daniel's）、歐佛斯特酒廠（Old Forester）、渥福精選酒廠（Woodford Reserve），令人高興的是，二〇二〇年重新推出並重新包裝班瑞克品牌時，他們去掉了名稱中間奇怪的大寫字母、並棄用了奇怪的不正統拉丁語名稱。我還為這樣的小事高興得不得了！

但更讓我開心的仍是看到延宕已久、早該建成的遊客中心和威士忌有所改進——持平來說，班瑞克威士忌已經非常美味了。這些威士忌現在由調酒教母蕾秋．巴里（Rachel Barrie）負責，她把以前的優異產品發展成了一個新的系列。從「經典10年」（The Original Ten）開始，歷經不同年分，最終在令人印象深刻的30年中達到巔峰。巴里表示，30年威士忌綜合了「濃郁得不可思議的味道，同時也格外精緻」的特性，但由於售價超過六百英鎊，我們也只能相信她的話了！對某些人來說，這款威士忌還不錯。

不過，這款12年陳釀威士忌的價格應該落在四十英鎊左右，在今日看來非常划算，於我們這些嗜煙如命的人來說，班瑞克酒廠還推出班瑞克煙燻12年（The Smoky Twelve），展現出該酒廠一直以它生產的威士忌款式齊全、種類繁多而著稱。

兩種威士忌的風格都很豐富，我選擇的「標準」12年使用雪利酒桶、波本酒桶和波特酒桶，放棄了葡萄酒帶來的大量甜味。而與12年相對應的煙燻口味則用瑪薩拉酒桶（Marsala wine cask）代替波特酒桶，並使用一定比例的泥煤麥芽來增添額外的煙燻和餘燼的芳香氣息。要是口袋不夠深，不妨購買這兩種酒的10年陳釀版本，這樣就不會覺得虧待了自己。但在我看來，陳年佳釀的額外豐富度和成熟度更值得攢錢享用！各位不妨犒勞一下自己吧！

班瑞克威士忌確實應該更出名，不過我懷疑，如果它真的出名了，價格也會水漲船高！因此，正如他們曾經說過的那樣，及時行樂吧！

品飲筆記

色澤 ……………………　**嗅覺** ……………………

味覺 ……………………　**餘韻** ……………………

12

製造商	高登麥克菲爾（英商・史貝麥威士忌經銷公司） Gordon & MacPhail （Speymalt Whisky Distributors Ltd）
酒廠	摩瑞區佛雷斯鎮的百樂門酒廠 Benromach, Forres, Morayshire
遊客中心	有
哪裡買	專賣店
網址	www.benromach.com
價格	

產地

年分

評鑑

百樂門（Benromach）

15年陳釀（Aged 15 Years）

在一本名為《威士忌101款品飲圖鑑》的書中，不提高登麥克菲爾似乎很無禮！對不了解他們名聲的讀者來說，會認為他們是一家獨立的裝瓶商、商人和零售商。跟任何其他公司或個人一樣，在六〇和七〇年代調和威士忌所向披靡時，他們高舉單一麥芽威士忌的旗幟。正因如此，再加上他們在埃爾金（Elgin）的門市（威士忌迷一定會去朝聖），讓他們在威士忌天堂（無論天堂在哪裡）享有崇高的地位——他們在埃爾金的商店讓人相信它可以自詡為那是個神聖的地方！

然而，從那時起，高登麥克菲爾就一味走超頂級路線、狂打奢華牌，以愈來愈高的價格〔比方說一九四〇年的格蘭利威世代系列（Glenlivet Generations），售價為十四萬英鎊〕推出了令人豔羨的陳年麥芽威士忌存貨。但念在高登麥克菲爾讓百樂門威士忌起死回生所做的努力，我們放他們一馬！

一九八三年，這家迷人的小酒廠被聯合釀酒公司（United Distillers，即帝亞吉歐集團）宣布為多餘資產，但十年後，它被高登麥克菲爾收購，後者對它進行了大規模翻修，並於一九九八年重新開業，正趕上它的百年誕辰。它是斯佩塞區數一數二最小的酒廠，甚至是最小的酒廠，而且非常傳統，只使用首次裝填的橡木桶，並強調他們生產的「手工」性質。

由於他們已經有近二十五年的蒸餾歷史，因此現在可以買到全系列的高登麥克菲爾蒸餾威士忌，不過仍可以買得到一些以前舊公司的威士忌，儘管價格高達四位數。要是各位對有機生產感興趣，對比（Contrasts）系列中的一款威士忌已獲得有機認證，不過我個人認為蒸餾後的酒醪*11不會有太大差別。

入門級10年陳釀價格十分親民，21年陳釀的價格大約是10年陳釀的四倍。 但是，依我看來，我會分擔差價，買一瓶濃烈而優雅的15年陳釀，年分更久的陳釀增強了甜味和美味的水果味，而煙燻味則隨著成熟而變得柔和，這是一款經典之作！

品飲筆記

色澤 ………… **嗅覺** …………

味覺 ………… **餘韻** …………

13

製造商 英國賓堡蒸餾廠
The Bimber Distillery Co. Ltd

酒廠 倫敦市皇家公園區的賓堡酒廠
Bimber, Park Royal, London

遊客中心 有

哪裡買 專賣店

網址 www.bimberdistillery.co.uk

價格 

產地

年分

評鑑

賓堡（Bimber）

澳羅洛梭桶（Oloroso Cask）

賓堡酒廠是目前在精釀工藝蒸餾領域裡炙手可熱的品牌，他們大肆宣揚自己的雄心壯志：「在倫敦用滿腔熱情手工釀造世界一流的單一麥芽威士忌！」現在，所有這些時髦的流行語都讓我有點懷疑，更讓我狐疑的是，這家酒廠顯然位於一個工業區內，附近就是臭名昭著的艾草灌木叢監獄（Wormwood Scrubs prison）。「手工製作」和「滿腔熱情」的說法經常被野心勃勃的威士忌新手誇大其詞，但他們卻很容易忽略了一個事實，那就是許多老牌經營者也可以理直氣壯地提出相同的說法，只是他們都過於低調，不會如此興奮異常地誇誇其談，耍公關噱頭、自吹自擂。

不過，顯然賓堡酒廠在英國歷史最悠久的麥芽釀造廠裡擁有他們自己的專用手工鋪地發芽、木製發酵槽（washback）、現場製桶工廠（cooperage）、直燃式蒸餾器（是個好兆頭啊），並且使用從一家指定農場按照自己規格種植出來的大麥。此外，賓堡酒廠對蒸餾技術的精益求精有一定程度的執著，讓人不得不相信他們的誇大其詞。例如他們偏愛極長的發酵時間；會自己建造發酵槽；添加預先烘烤過的橡木桶木條（oak stave）*12；甚至重新設計蒸餾器，以製作出更清爽、果味更濃郁的口感。

他們對酒桶也同樣挑剔，主要使用前波本酒桶（ex-bourbon），還有一些美國處女桶（Virgin Oak，指全新橡木桶）以及初填雪利酒橡木桶〔ex-sherry wood，來自赫雷斯（Jerez）*13真正的蘇羅拉（solera）*14酒桶〕、紅寶石波特桶（ruby-port cask）*15和重量級泥煤的前艾雷島四分之一酒桶（ex-Islay quarter cask）*16。當然，這些酒都是在他們自己在賓堡酒廠裡裝瓶的。

沒多久之前，他們與倫敦交通局合作推出了「地鐵精神系列」（Spirit of the Underground Collection），並發表了協力廠商裝瓶的風靡12（Apogee XII），這是一款來自蘇格蘭未命名酒廠的調和麥芽威士忌，在前賓堡酒桶中進行了額外熟成。我還發現了一種黑莓伏特加，但我發誓絕口不提這些，我建議大家先品嘗一下他們美好的澳羅洛梭桶，這種酒會不定期地小批量推出，但是，要是各位發現了一款，趕緊掃貨吧！

品飲筆記

色澤		**嗅覺**	
味覺		**餘韻**	

14

製造商	布萊德諾赫酒廠 Bladnoch Distillery Pty Ltd
酒廠	丹佛里斯一蓋洛威的 布萊德諾赫酒廠 Bladnoch, Dumfries & Galloway
遊客中心	有
哪裡買	專賣店
網址	www.bladnoch.com
價格	

產地

年分

評鑑

布萊德諾赫（Bladnoch）

懷古（Vinaya）

一九九三年，愛爾蘭建築商雷蒙・阿姆斯特朗（Raymond Armstrong）〔與兄弟科林（Colin）〕將布萊德諾赫酒廠從瀕臨荒廢的狀態中拯救出來，當時布萊德諾赫酒廠面臨著三個問題：它的狀況非常糟糕；大家對它一無所知，而且低地威士忌乏人問津；之前的業主顯然在銷售合約中加入了限制條款，限制了威士忌的產量。

但是，儘管一直有謠傳阿姆斯特朗家族之所以買下這塊地，是因為他們看中了這片地產的潛力，但因為布萊德諾赫酒廠有著令人感到心曠神怡的田園旖旎風光，位處在冷清的小角落，所以開發似乎從來都是一件不可信的事。沒過多久，雷蒙德就突然對威士忌如痴如醉，並竭盡所能讓這間酒廠蹣跚前進。

然而，很明顯，該酒廠需要有大量資金挹注。二〇一五年，澳洲優格業大亨衛・普賴爾收購了該公司，並開始對布萊德諾赫酒廠進行大規模翻修。他引進了經驗豐富的管理人員，其中最著名的是曾在邦・史都華公司（Burn Stewart）工作的伊恩・麥克米蘭，他監督了所有新工廠歷時兩年的翻修和安裝，耗資超過五百萬英鎊，開設了一個遊客中心，並推出了一系列經過徹底改版的威士忌（主要以舊庫存為基礎）。

隨後，麥克米蘭開始擴展經營範圍，自己兼營諮詢業務，尼克・薩維奇博士（後來成為麥卡倫酒廠有限公司的首席釀酒師）則於二〇一九年七月接任了布萊德諾赫酒廠的首席釀酒師一職。說句公道話，薩維奇轉換跑道讓威士忌界不少人直呼意外，但事實似乎證明了，他抗拒不了在真正的精釀工藝規模下工作又對品質毫不妥協的這分挑戰。

靠著麥克米蘭的努力（薩維奇形容他是「令人驚嘆的酒廠資產，既忠實於歷史本色、又靈活高效率」），布萊德諾赫酒廠現在正在擴增多元化的酒桶類型，包括多種雪莉酒品種，例如佩德羅・希梅內斯（Pedro Ximenez）和澳羅洛梭（oloroso）、波特桶（port pipes）*17、全新（處女）橡木桶和前波本桶，其中九成五以上是首次裝填，而且不會使用超過兩次。從懷古（Vinaya）威士忌開始，然後向上提升，這無疑是令人期待且值得關注的。

品飲筆記

色澤 .... **嗅覺** ....

味覺 .... **餘韻** ....

15

製造商	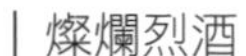燦爛烈酒 Blaze Spirits
酒廠	不適用。這是一款調和威士忌
遊客中心	無
哪裡買	網路販售
網址	www.blazespirits.co.uk
價格	

產地

年分

評鑑

燦爛（Blaze）

蘇格蘭威士忌（Scotch Whisky）

蘇格蘭威士忌這一行動不動被批評的是，不善於向年輕人推銷產品，它很多用語和品牌定位會嚇倒人、令人困惑而且讓人反感。我自己並不年輕，對這個現象無法發表意見，但我明白負責任的行銷人員都會謹慎遵守作業規範，特別禁止向未滿合法飲酒年齡的群眾進行公開宣傳，這也真是一點都沒錯！為什麼要讓年輕人飲酒作樂呢？

不過，也有可能是因為過於謹慎，讓合法飲酒的年輕一輩感到自己被遺棄，這無疑是十九歲（在撰寫本書當時）的愛丁堡企業家達爾梅德·麥卡恩（Diarmaid McCann）的立場。他專門針對使用社群媒體網站抖音和亞馬遜的十八至二十五歲酒類消費者，推出了燦爛蘇格蘭威士忌，他認為「年輕人會在網路上購買他們需要的大部分東西，那麼為什麼不買他們最喜歡的烈酒呢？」促使他把燦爛打造成一種順口的調和麥芽威士忌，非常適合拿來調酒。在抖音上，甚至可以看到他把燦爛跟Irn Bru（蘇格蘭國民飲品，無酒精的碳酸飲料）混搭在一起，這絕對會惹毛傳統主義派——當然，這也是一種大家都會有的想法。

開賣之際就販售了二百五十瓶，這讓他信心倍增，於是他從愛丁堡大學退學，現在全職推廣這個品牌，致力跟每一位買家打好關係，並不斷在抖音上發表新的、令人發噱的影片。燦爛威士忌得到了一家小型獨立蒸餾酒商的支持（我保證過不透露他們的名字，不過要是大家感興趣，稍微打探一下，很快就可以找到線索囉！）並雄心勃勃地要「與威士忌行業的巨頭一較高下」，假以時日，「這個品牌不僅要攻占下一代威士忌粉絲的心，還要讓鍾情於琴酒、伏特加和蘭姆酒的人改對它投懷送抱！它沒有威士忌產業的矯揉造作或傳統主義，能夠釋放每種威士忌酒的全部潛能。」

當然，燦爛威士忌是氣象一新、與眾不同、不拘一格的，更重要的是，假如大家來問我這個年紀一大把的資深酒鬼（無論以什麼標準來衡量，我都是個老朽的老不死啊），它的味道還真不錯！祝福年輕的達爾梅德前途一片燦爛！事業蒸蒸日上！

品飲筆記

色澤 .... 嗅覺 ....

味覺 .... 餘韻 ....

16

製造商	愛爾蘭酒廠有限公司（保樂力加旗下公司）的都柏林米歇爾家族 Irish Distillers Ltd（Pernod Ricard）for Mitchell & Son, Dublin
酒廠	科克郡米德爾頓 County Cork, Midleton
遊客中心	有
哪裡買	專賣店
網址	www.spotwhiskey.com
價格	

產地

年分

評鑑

藍點（Blue Spot）

7年陳釀（Aged 7 Years）

有好消息也有壞消息，和許多作家一樣，在過去十年左右，我一直對「綠波」（Green Spot）念念不忘，我非常高興可以記錄這種風格的愛爾蘭壺式蒸餾威士忌——它能夠倖存下來是非常幸運的（而且，要是會計師得逞，這種威士忌早就停產了），現在肯定又回來了，並將繼續存在。

傳統上，愛爾蘭零售商銷售他們自己用從當地酒廠購買的酒桶釀造的獨特威士忌，但隨著愛爾蘭工業的合理化（即倒閉），這些獨具特色的一次性產品慘遭淘汰，最後，只有都柏林一家歷史悠久的葡萄酒和烈酒商米歇爾家族繼續經營他們美妙的「綠波」威士忌，不過這種酒一直相當默默無聞，除了真正見多識廣的人——包括劇作家薩繆爾・貝克特（Samuel Beckett）——其他人都不愛喝。直到最近，綠波的產量少之又少，以至於只能被安樂死——讓它溫和地走進那個良夜（go gently into that good night，威爾斯詩人迪倫・托馬斯創作的一首十九行詩）*18。

事實上，它是這種風格的唯一倖存者，不過後來愛爾蘭威士忌開始了讓人求之不得的復甦，保樂力加愛爾蘭酒廠一些行銷天才終於認識到了這顆被他們忽視已久的寶石！自十多年前綠波威士忌重新上市以來，紅馥知更鳥（Redbreast）和米德爾頓（Midleton）的壺式蒸餾酒以及兩款綠波葡萄酒桶——黃點（Yellow Spot，12年陳釀，口感極佳）和紅點（Red Spot，15年陳釀）也加入了綠波威士忌的行列。更多的好消息是，供應量增加了，不僅更容易找到，而且有些價格還稍微下降。

如今，在中斷了五十六年之後，藍點再次回歸，原本的陣容變得完整！它們重新組成了樂隊！這是一款經過三重蒸餾的七年單壺蒸餾愛爾蘭威士忌，由波本、雪利酒和馬德拉酒（Madeira）桶混合釀製而成，以原桶強度裝瓶（酒精濃度58.7%），波瀾壯闊，震懾全場的它，是威士忌中的搖滾之神！

所以，各位可能會吶喊：我們一直在等待藍點，但現在是快樂的日子了！沒有壞消息！

品飲筆記

色澤 .... **嗅覺** ....

味覺 .... **餘韻** ....

17

製造商	莫里森・波摩酒廠（金賓三得利） Morrison Bowmore Distillers（Beam Suntory）
酒廠	艾雷島的波摩酒廠 Bowmore, Islay
遊客中心	有
哪裡買	銷售點遍布全球
網址	www.bowmore.com
價格	

產地

年分

評鑑

波摩（Bowmore）

15年陳釀（Aged 15 Years）

在時間較近的曾經，波摩酒廠還是一家非常不惹人反感的艾雷島釀酒廠，由於他們採用自家的手工鋪地發芽、泥煤含量也比其他一些更強勢的附近酒廠略低，因此釀造出的威士忌也是艾雷島首屈一指比較平衡的威士忌。

波摩酒廠的稀有陳釀威士忌是數一數二最有價值的威士忌收藏品，經常出現在威士忌拍賣會上，事實上，在某處有一張照片，在裡面的我臉上掛著傻笑，手裡還拿著一瓶一次性的一九六四年蒸餾、存放十八年的波摩威士忌，幾分鐘後，這瓶威士忌在一次慈善拍賣會上，以六萬一千英鎊的價格售出。但大多數情況下，這些威士忌都是貨真價實的瓶裝威士忌，原本是要拿來飲用的，只是由於時尚、投資熱潮的惡劣影響，以及隨著時間過去而變得珍貴起來！因此，假若我們心腸夠軟，那些事情還是可以被原諒的。

然而，從那時起，波摩酒廠的行銷人員卻非得搞些讓人聞風喪膽的奢侈調！於是就有了像波摩DB5一九六四年這樣恐怖的傑作！波摩酒廠一本正經地向我們宣稱，這款威士忌是用真材實料的奧斯頓．馬丁（Aston Martin）DB5活塞製成的獨特醒酒器去裝瓶，而且，由於威士忌和這款汽車都很稀有，所以「僅」生產了二十七瓶！要是大家問我，我認為二十七瓶太多了，不過當然，即使要價五萬英鎊，也有人要買它們，卻沒料到它們一轉眼就出現在拍賣會上，而且被拍出了近九萬英鎊的好價錢。

之所以選擇一九六四年，是因為這一年該酒廠安裝了一個新鍋爐。老實說，這不是我亂講的，也有可能是還剩下一個裝酒的木桶.......

不管怎麼說，撇開這些庸俗不堪的東西不談，大家可以用大約那個壞東西價格的0.0007%，買到這個非常、非常頂級的15年陳釀波摩威士忌（這個數字讓我動搖），這是一款適合細細品味的酒，讓人想起過去一些名副其實的波摩威士忌聖品。

如果可以，不妨儘量去拜訪這間酒廠，參觀過程體驗很好，在遊客中心可以欣賞到英達爾湖（Loch Indaal）的迷人景色，即使是壓力最大的特務也會感到心曠神怡！

品飲筆記

色澤		**嗅覺**	
味覺		**餘韻**	

18

製造商	布萊迪酒廠 （人頭馬君度集團旗下公司） Bruichladdich Distillery Company （Remy Cointreau）
酒廠	艾雷島的布萊迪酒廠 Bruichladdich,Islay
遊客中心	有
哪裡買	銷售點遍布全球
網址	www.bruichladdich.com
價格	

產地

年分

評鑑

布萊迪（Bruichladdich）

經典萊迪（The Classic Laddie）

一旦知道酒廠內設有一個動力燃燒室（DCC™），各位會不會對自己所選擇的威士忌更加充滿信心呢？說不定各位會這麼想——這是一個砸下二百六十五萬英鎊、最先進、高科技、零排放的綠色氫氣鍋爐，用途是在布萊迪酒廠的蒸餾器從石油能源轉換為永續的氫氣能源時加熱該蒸餾器時使用。這正是我們在生活中進行脫碳時，必須採取的重大轉變，令人十分興奮的是——至少我覺得相當令人興奮——動力燃燒室™不需要煙囪或任何其他能源耗損排氣，因此可以達成淨零排放二氧化碳、氮氧化物以及硫氧化物。這個反應的唯一副產品是水，當然，這在蘇格蘭西海岸還是個新鮮事。

這是一個活生生的例子，見證了在人頭馬君度的經營下，這家艾雷島出名的酒廠得以充分發展！儘管大批超級粉絲對這家酒廠被收購表示遺憾，但事實證明，大可不必驚慌，新酒莊主的行為堪稱楷模，布萊迪酒廠似乎正變得愈來愈飛黃騰達！除了一些人事變動，許多原班人馬依然堅守崗位。

按照他們一貫的風格，酒廠推出了幾乎令人眼花繚亂、五花八門的威士忌酒款可供選擇，其中包括蘇格蘭有史以來第一款生物動力（biodynamic）單一麥芽威士忌。該威士忌二〇一一年從單一農場的單一收成蒸餾而成，它可能是第一款，但不會是最後一款（請參閱第95款）。不過我們總得從某個地方開始，所以我建議付四十多英鎊來瓶經典萊迪威士忌，這可能是接觸布萊迪酒廠風格和哲學的完美選擇（它不僅僅是一款威士忌，更是一種生活方式）！

引用他們的話來說：「我們對連貫統一或千篇一律毫無興趣；相反地，我們每年都會根據大麥的品種和產地來釀造我們的威士忌，而且我們採購了愈來愈多的橡木桶，目的是在我們的酒窖中發展出一系列口味。從本質上講，每批產品都是獨特且略有不同的……是我們最優質的威士忌系列，展現出經典、洋溢花香而且優雅的布萊迪威士忌品牌風格！」

不論我們怎麼燃燒它，布萊迪酒廠都會動力滿滿、不斷發展！

品飲筆記

色澤		**嗅覺**	
味覺		**餘韻**	

19

製造商	薩澤拉克 The Sazerac Company
酒廠	肯塔基州富蘭克林郡的野牛仙蹤 Buffalo Trace, Franklin County, Kentucky
遊客中心	有
哪裡買	銷售點遍布全球
網址	www.buffalotracedistillery.com
價格	

產地

年分

評鑑

野牛仙蹤（Buffalo Trace）

肯塔基純波本（Kentucky Straight Bourbon）

有些威士忌如果沒收錄在本書，豈非滄海遺珠？這款就是其中之一。

野牛仙蹤酒廠於一八五七年成立，是肯塔基州純波旁威士忌的傑出酒廠，還是獎項常客——儘管七十多年前，這裡已經有了蒸餾業。野牛仙蹤一九八四年推出巴頓（Blanton's）威士忌，因而榮登第一家單桶波本威士忌生產商寶座！

這裡生產了林林總總的品牌以及野牛仙蹤和巴頓威士忌，包括飛鷹（Eagle Rare）、遠古時代（Ancient Age）和威勒（W. L. Weller）等，但該酒廠一九九九年首次推出自有品牌後，一下子就獲得大家的認可，佳評如潮！如今，他們的網站不再誇耀自己摘下了多少獎項——他們只是列出了一分得獎清單，而且這分清單還可以再繼續列下去……等等。被他們打動了嗎？我知道我是深受感動沒錯，因為雖然一款威士忌在更重要的比賽中獲得一到兩個小獎項，或銅牌或銀牌獎，並沒什麼好稀罕的，不過很少有威士忌能年復一年地在頂級評審中，持續奪下最高榮譽大獎！

說不定更令人印象深刻的是，在產品售價略高於二十五英鎊的情況下，辦到這一點的酒廠甚至更少！

野牛仙蹤酒廠相信，他們傳統酒窖的某些樓層，能釀造出最好的烈酒，並且為野牛仙蹤威士忌小批次地挑選最好的酒桶。這些威士忌還要經過品酒小組的進一步篩選，接下來再將少至二十五桶的酒調配後再存放一段時間以讓酒液完全融合並裝瓶。

為了百喝不厭波本威士忌的酒友，野牛仙蹤酒廠還提供實驗系列和單一橡木試驗（Single Oak Project）。二十多年前，該酒廠已經開始進行發表實驗系列的工作，採用不同的配方和橡木桶處理工藝，目前在該酒廠的酒窖裡陳釀超過三萬個實驗性威士忌桶；單一橡木試驗則是從一百九十二個不同的木桶中，供應一千三百九十六種口味組合，這些木桶由精心挑選出的九十六棵美國橡樹製成，這是來自專業人士的堅持追求！

要想每天都喝到這種可以不用四處尋覓！野牛仙蹤在英國各大優良酒吧以及獨立且持有外賣酒類執照的商店都有販售，它是波本威士忌的完美入門酒！之後其他更昂貴的品牌則令人失望。

品飲筆記

色澤 .... **嗅覺** ....

味覺 .... **餘韻** ....

20

製造商	帝亞吉歐集團 Diageo
酒廠	艾雷島的卡爾里拉酒廠 Caol Ila, Islay
遊客中心	有
哪裡買	專賣店
網址	www.malts.com
價格	

產地

年分

評鑑

卡爾里拉（Caol Ila）

12年陳釀（Aged 12 Years）

能推薦像這樣的威士忌真是一件美事——這些鮮為人知的祕密，一旦品嘗過就永遠不會忘記！卡爾里拉酒廠鐵定是蘇格蘭所有酒廠中地理位置最引人注目的一個吧！它位於阿斯凱克港（Port Askaig）外一條險峻陡峭道路的盡頭，就在艾雷海峽上，與侏羅島（Island of Jura）遙遙相對。從該酒廠可以看到湍急的潮水，海豹、水獺和各種有趣的海鳥也盡收眼底，更不用說侏羅島令人驚嘆的地形以及著名的帕普斯山峰（Paps）。

考古調查顯示，數千年前就有人在此生活。事實上，在附近還發現了一個距今一萬兩千年的燧石箭頭。因此，雖然我們認為威士忌的歷史悠久，但這裡存在的時間，甚至比阿夫雷德．巴納（Alfred Barnard）*19的來訪日期（約一八八六年）早多了！當時他聲稱羨慕威士忌工人健康的生活方式，但我對這個說法持保留態度！

因為過去幾乎所有卡爾里拉酒廠的年產量都須要用在調配上，因此卡爾里拉酒廠可能是艾雷島著名威士忌的無名英雄！然而，近年來，它的酒莊主帝亞吉歐把原則放寬了一些，擴大了這家酒廠，並將它指定為蘇格蘭四個角落系列（Four Corners of Scotland Collection）中的第四家酒廠，以紀念卡爾里拉酒廠在約翰走路調和威士忌的核心重要地位。與這個地位相輔相成的是一個新的遊客中心，而這正是卡爾里拉酒廠長期以來所缺乏的，而且隨著遊客與日俱增，毫無疑問將會有更多的單一麥芽威士忌上市。

但為什麼不從標準的12年陳釀開始呢？跟大多數艾雷島單一麥芽威士忌一樣，它可能是同類產品中最平衡也是一款經典之作，適合無煙燻威士忌不歡的人，就像它更知名的鄰居樂加維林（Lagavulin）、拉弗格（Laphroaig）和雅柏（Ardbeg）等知名品牌一樣，它也是一款強勁有力、泥煤味濃郁的魔獸，不過有些酒客也能感受到它有一股令人喜愛的甜味。

還有一些其他威士忌，包括一款無泥煤的威士忌（可能是因為調配者的要求），但我還是會從這款威士忌開始，同時我還注意到，對預算有限的人來說，還有一款二十厘升（cL）*20裝的酒款非常實用。此外，還有更清淡的曙光（Moch），或者各位也可以繼續品嘗它的老大哥——18或25年陳釀的威士忌。

品飲筆記

色澤 ________ 嗅覺 ________

味覺 ________ 餘韻 ________

21

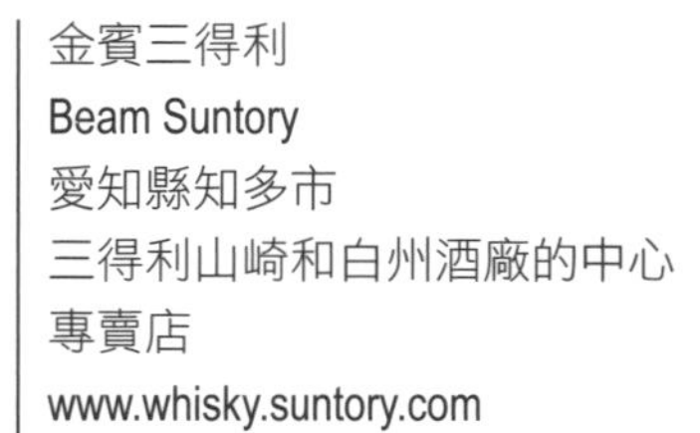

製造商	金賓三得利 Beam Suntory
酒廠	愛知縣知多市
遊客中心	三得利山崎和白州酒廠的中心
哪裡買	專賣店
網址	www.whisky.suntory.com
價格	

產地

年分

評鑑

知多（The Chita）

單一穀物（Single Grain）

該怎麼做，才能在不必申請第二順位抵押貸款以籌錢的情況下，找到並啜飲真正的日本威士忌呢？那麼，這款威士忌可能就是答案！這是一種穀物威士忌，但請不要就把這一頁翻過去，因為這款威士忌非常值得大家參考！某家知名的線上零售商認為它是「適合在夏天來一杯的威士忌」，但我認為，任何時候品酩它皆適合！

知多是三得利的穀物威士忌酒廠，他們為了發表這款酒大費周章，動用了三種不同類型的烈酒——通俗的說法是厚重型、中等型和清新型烈酒，分別藉由兩個、三個和四個柱（連續）式蒸餾器蒸餾而成，這還僅僅是他們釀造優質調和威士忌所需的烈酒。

還不止這樣呢！由於知多本身會作為產品發表，這樣一來，木桶尤其重要，因此知多是在葡萄酒、西班牙橡木桶和美國白橡木桶中陳釀的。各位可能會認為，這對穀物來說，這個部分並不常見而且麻煩，不過成果卻是得到了一款細膩優雅、餘韻乾淨清澈的威士忌。

現在我要承認一件事。在知多的英國發表會上，我聽了道地的專家對知多提出的詳細說明，不過，遺憾的是，我並沒有真的搞懂什麼，說不定是我當時無心接納，因為在嘗試了一段時間後，我才開始真正體會到這款威士忌達到的成就——以及他們將知多形容成「威士忌的寧靜」的含義。

這是一款非常難以捉摸而且低調的威士忌，它不會高聲喧囂，也不愛出風頭，更不須要各位特別關注，當然也不會壓倒你我的味蕾。它是一款非常有禮貌、有教養的威士忌，但就像一位安靜、值得信賴的朋友一樣，一旦體會到它的許多特質和傳統價值，它就會因而更增色不少。事實上，它很靜謐。

這款酒有深度也很玄妙深奧，最好是用讚賞的心情去欣賞，不要操之過急，但也不要認為它平淡無奇而不考慮它，我一開始就是這樣做的，但我當時沒有留心，所以各位不要重蹈我的覆轍。

好了，各位現在可以翻頁啦！

品飲筆記

色澤 .... **嗅覺** ....

味覺 .... **餘韻** ....

22

製造商	帝亞吉歐集團 Diageo
酒廠	薩瑟蘭區的布朗拉酒廠 Brora, Sutherland
遊客中心	有
哪裡買	專賣店
網址	www.malts.com
價格	

產地

年分

評鑑

克里尼利基（Clynelish）

14年陳釀（Aged 14 Years）

自從我上次寫到克里尼利基以後，這家偏僻又長期被忽視的酒廠已經改頭換面，並推出了一些新的威士忌。現在，這裡正式成為約翰走路的高地之家，擁有外觀非常整潔漂亮的遊客中心、推出了16年陳釀的蘇格蘭四角威士忌以及相當具有設計感的提利爾家族之權力遊戲珍藏（House Tyrell Reserve Game of Thrones）聯名威士忌品牌*21，與酒廠時尚的新外觀相得益彰！接下來還有好消息——鄰近的原來酒廠（現稱為布朗拉）重新開張了。雖然要預約才能進入該酒廠，不過既然都經過長途跋涉、風塵僕僕才來到這裡，要是不預約參觀就離開，那就太可惜啦！

大約一百年前，兩位出類拔萃的威士忌評審為克里尼利基樹立了良好的聲譽。喬治．桑茨貝裡（George Saintsbury）教授〔《Notes on a Cellar-Book》（暫譯，酒窖筆記）作者〕和他的學生埃涅阿斯．麥克唐納（Aeneas MacDonald）〔著有《Whisky》（暫譯，威士忌）〕都對克里尼利基的卓越品質給予了高度評價。當然，當時他們喜歡的並不是我們現在喝到的克里尼利基，因為最初的酒廠實際上已於一九八三年關閉。要想品嘗到任何類似他們如此推崇的烈酒，要砸一千多英鎊才能買到一瓶，或者燒掉三萬英鎊才能得到布朗拉（Brora Triptych）限量藏家原酒組，有的人已經這樣做了！

不過，價格更實惠的14年陳釀克里尼利基威士忌不會讓人失望，一瓶售價應在四十五英鎊左右，它是約翰走路調和威士忌的主要成分，因此該酒廠進行了品牌重塑。但儘管約翰走路的銷量持續攀升，這款克里尼利基威士忌卻很容易買到。克里尼利基是一款令人愉悅的高地麥芽威士忌，因它地處海濱而帶有海洋氣息，同時還散發出燭蠟香氣，一個多世紀以來一直吸引著獨具慧眼的鑒賞家。

帝亞吉歐曾將克里尼利基威士忌稱為「隱藏起來的麥芽」，但顯然為了順應千變萬化的市場而將它公諸於世。它一直獲得調酒師的贊賞，而且隨著曝光度的增加，我們都可以享受到它以往不引人注意和不愛出風頭的魅力！事實證明，那些老傢夥對他們多年前所寫的內容就已經瞭如指掌了——威士忌作家萬歲！

品飲筆記

色澤 ……………… 嗅覺 ………………

味覺 ……………… 餘韻 ………………

23

製造商	威海指南針美味威士忌有限公司 Compass Box Delicious Whisky Ltd
酒廠	不適用。此款為調和威士忌
遊客中心	有
哪裡買	專賣店
網址	www.compassboxwhisky.com
價格	

產地

年分

評鑑

威海指南針（Compass Box）

藝術家調和（Artist Blend）

先說清楚，這款威士忌的前身是大國王街藝術調和威士忌（Great King Street Artist's Blend），因著只有他們自己才知道的原因，威海指南針更改了名稱和標籤（我更喜歡以前的版本），但重要的是，威士忌還是一樣的，而且價格不到四十英鎊，仍很便宜。

新的外觀與他們對風味永不停息的追求心和探索合為一體——新的威士忌從他們的調配室中傾瀉而出，名稱更加具有異國情調，而且巴洛克式的裝飾標籤堪稱一絕！各位不妨物色一下火焰情人（Flaming Heart）、畫布（Canvas）、電晶體（Transistor）、惡棍派對（Rogue's Banquet）、無名三號（No Name 3）、動物園（Menagerie）或現象學（Phenomenology）吧！事實上，不用多此一舉了，因為這些限量版威士忌過不了多久就會售罄，各位讀到這一章時，已經完全買不到了！但是，假如各位擠得進威海指南針美味威士忌有限公司的郵寄清單內，而且火速行動，即可享用到之後發表的威士忌。

奇怪的是，雖然許多威士忌不離手的狂熱分子臉上帶著痛苦和傲慢的表情，對調和威士忌不屑一顧，但業內部人士卻宣揚麥芽威士忌本質是優越的（其實也並非如此）。威海指南針將調和威士忌的優點發揮得淋漓盡致——作為協力廠商裝瓶商，這是他們存在的理由，而且他們在這方面也表現得非常好！對於那些在推廣當今許多優質調和威士忌中所具有的非凡價值和產品的品質時，對動作慢半拍的大型蘇格蘭威士忌品牌來說，說不定這是一個借鑑，其中有一些優質威士忌是這裡的特色產品。

總之，儘管飲料巨頭百加得（Bacardi）是威海指南針的主要小股東，但幾乎沒有跡象顯示威海指南針受到其子公司帝王（Dewar's）的任何影響。威海指南針繼續以自己獨立的方式，釀造出令人舔嘴咂舌的優質威士忌，大家可以放心一仰而盡！威海指南針許多威士忌都具有獨特而明顯的風味，這就是重點所在。

因此，我們這裡介紹的威士忌是一款棒透了的日常威士忌，是調製雞尾酒的聖品，製作精良，口感順滑而不平淡。其中有一半以上的優點都是來自克里尼利基、林克伍德（Linkwood）單一麥芽威士忌和一些調和的高地人（Highlander）威士忌（如果知道這點能讓各位感覺好一些）。大家盡情享受吧！別想太多！

品飲筆記

色澤 ……………… **嗅覺** ………………

味覺 ……………… **餘韻** ………………

24

製造商	科茨沃爾德酒廠公司 Cotswolds Distillery Company
酒廠	沃里克郡斯托爾河畔希普斯頓鎮 斯托頓村的茨沃爾德酒廠 Cotswolds Distillery, Stourton, Shipston-on-Stour, Warwickshire
遊客中心	有
哪裡買	銷售點遍布全球
網址	www.cotswoldsdistillery.com
價格	

產地

年分

評鑑

茨沃爾德（Cotswolds）

經典單一麥芽（Signature Single Malt）

科茨沃爾德酒廠位於英國鄉村的中心地帶，是一家相當優美的的酒廠。它坐落在迷人的田園風光中，是新一輪精釀手工蒸餾的代表。事實上，它與周圍環境融合得如此完美和自然，以至於很難想像它是在二〇一四年才開始釀酒的。

它是由前對沖基金交易員、前銀行家以及現在因為新冠肺炎而成為兼職作家（呸！）的丹尼爾．索爾（Daniel Szor）所創立的，並得到了一些有遠見的私人投資者的支持。幾年前，他幸運地看到了曙光，離開了金融界，開始追尋他在科茨沃爾德釀造威士忌的夢想。如今，他們生產出一系列令人目不暇給的產品：苦艾酒、威士忌苦艾利口酒（whisky Amaro）（這兩種只能從該酒廠購買）、奶油香甜利口酒（cream liqueur）、幾種琴酒（實際上數目多到數不勝數）以及愈來愈多的優質威士忌。目前，該系列包括經典單一麥芽威士忌（酒精濃度為46%，它是了解科茨沃爾德酒廠的最佳入門選擇）、限量版風味桶威士忌，以及更高強度的泥煤桶、雪莉桶和波本桶風格——但我想努力尋找會有更多。

與許多其他新酒廠一樣，我們在這裡可以看到已故吉姆．斯萬（Jim Swan）博士的身影，他曾在生產、熟成和酒桶選擇方面提供了建議。儘管現在他們完全能夠確定自己的方向，他們的網站還是正式頌揚了斯萬立下的汗馬功勞，他的影響力也持續存在著。

令人耳目一新的是，他們只使用科茨沃爾德地區種植的大麥，不僅提供了可追溯性，還把食物里程減到最小。如假包換的手工鋪地發芽無泥煤大麥來自附近英國最古老的麥芽廠沃明斯特（Warminste）。這款威士忌在最終裝瓶時，未經冷凝過濾，也不添加色素。

這裡進行了大量的投資——包括酒廠、辦公室、遊客中心、包裝，更不用說年輕而熱情的釀酒師以及他們勤奮的公關團隊了！任何人想要成為威士忌製造商，最好在這裡待上幾天，並多加觀察留意！科茨沃爾德酒廠已經樹立了很高的標杆，現在它似乎已經成為英國釀酒廠業中信譽卓著、不斷發展和充滿活力的一部分，並且為贏得長時間蓬勃發展、興旺昌盛作好了準備！

品飲筆記

色澤	....	**嗅覺**	....
味覺	....	**餘韻**	....

25

製造商	 拉馬邑 La Martiniquaise
酒廠	不適用。此款為調和威士忌
遊客中心	無
哪裡買	專賣店
網址	www.cutty-sark.com
價格	

產地

年分

評鑑

順風（Cutty Sark）

12年陳釀（Aged 12 Years）

順風以現在位於格林威治區乾船塢的著名運茶快速帆船命名，很久以前，它是美國最暢銷的威士忌，也是首屈一指最早達到年銷量突破一百萬箱的品牌，直到現在仍被認為是一個里程碑。但由於各種原因，它落在帝王白牌（Dewar's White Label）和約翰走路等競爭對手後面，最終順風這個品牌被售出，然後再次出售，最近一次賣給了法國獨立集團拉馬邑。

對於喜歡順風清淡爽口風格的威士忌酒中仙來說，這是個好消息。我發現它跟雞尾酒是黃金拍檔，而且我喜歡它的用途廣泛。雖然拉馬邑在英國的知名度不高，不過它經營規模龐大，致力於自家品牌的長期發展，他們在巴斯蓋特（Bathgate）鎮附近的斯塔勞（Starlaw）大道上，設有一座大型、現代化的先進穀物威士忌酒廠和調配廠，同時還擁有格蘭莫雷單一麥芽威士忌，並大幅研究開發了這款威士忌（請參閱第37款）。

因此，他們有能力供應自家調和威士忌的主要成分〔其中包括搶手貨雷伯五號（Label 5）調和系列〕。然而，順風長期以來一直與格蘭路思酒廠有著悠久的淵源，這種斯佩塞單一麥芽威士忌在調和酒中仍是一股強大的勢力！

令人開心的是，在易新主後，這間酒廠在行銷支援方面進行了投資，以重建品牌，更重要的是，他們推出了新產品，比方說我愛不釋手的這款已有十二年歷史的威士忌。目前，對於追求品質、價值和多功能性完美結合的追酒人士來說，優質調和威士忌是神酒！我的意思是它們可以適合各式各樣讓大家杯觥交錯的場合。

由於英國市場對單一麥芽威士忌情有獨鍾，因此在這裡銷售優質調和威士忌比登天還難！這代表我們經常對天價甘之如飴，而像這樣的威士忌卻得不到應有的報導和支持。不過，對於那些準備好把目光放在超越品牌形象、並擁抱順風主張它體現的冒險精神的聰明品酒人士來說，這也是一個機會！

品飲筆記

色澤 ………………………… **嗅覺** …………………………

味覺 ………………………… **餘韻** …………………………

26

製造商	英商邦史都華股份有限公司 Burn Stewart Distillers Ltd
酒廠	伯斯郡杜恩鎮的汀士頓酒廠 Deanston, Doune, Perthshire
遊客中心	有
哪裡買	專賣店
網址	www.deanstonmalt.com
價格	

產地

年分

評鑑

汀士頓（*Deanston*）

12年陳釀（12 Years Old）

這是一款單一麥芽威士忌，儘管在包裝上出現了一些新氣象，而讓行銷人員與他們的代理商因此想破頭地花樣百出，不過它仍然是物超所值的！在我寫這篇文章的時候，一瓶的價格仍然是四十英鎊起跳，而這種價格愈來愈難找了！

伯斯郡曾經是個重要的釀酒中心，有超過一百家酒廠的紀錄，而汀士頓酒廠是少數幾個倖存的酒廠之一，因此大家會認為這間酒廠更出名。然而，早在六〇年代中期，這裡開發的初衷是利用這種酒來推出一種重要的新調和威士忌。事實上，這種事從未發生過，但在它生命的大部分時間裡，汀士頓威士忌主要用於調和——酒廠的所有人伯恩．史都華（Burn Stewart）生產了兩款中階市場的調和酒「黑樽」（Black Bottle）和「仕高利達」（Scottish Leader），而且他們從未真正將自家的單一麥芽威士忌推廣到我認為他們應得的程度。

該項業務最終歸南非帝仕德酒業集團（Distell Group）所有，不過，該公司最近被海尼根收購，因此伯恩．史都華和到了這個階段的汀士頓酒廠——以及他們也控制的布納哈本（Bunnahabhain）和托本莫瑞（請參閱第92款）——的最終命運和所有權仍不清楚。

雖然它是一間名不見經傳的酒廠，但也有一段有趣且「奇怪」的歷史。汀士頓酒廠最初是一家棉紡廠，歷史可追溯到一七八五年，由理查．阿克萊特（Richard Arkwright）設計，並靠湍急的泰斯河提供動能。如今，阿克萊特的酒窖已被列入名單，為威士忌的熟成提供了理想的條件，而且汀士頓酒廠仍在利用自家水力渦輪機供應的電力。

汀士頓酒廠一九九六年被改建成一座全面運作的酒廠，它的兩對大型球形壺式蒸餾器採用了大型沸騰球，促進了高度迴流，因而生產出有著清淡水果味的烈酒。裝瓶時酒精濃度為46.3%，未經冷凍過濾也無添加色素。裝瓶前，先在新橡木桶中陳釀幾個星期，是的，這款威士忌相當清淡、細膩、爽口，但它可以調製出口味奇佳的高球雞尾酒，各位不會每天都想吞一些會讓人發酒瘋的浸透泥煤味龐然怪物或濃烈的雪利酒吧！

舊版威士忌、限量款威士忌和這間酒廠的獨家產品都很吸引人，不僅物有所值，而且還能探索一個籍籍無名的品牌啊！

品飲筆記

色澤		**嗅覺**	
味覺		**餘韻**	

27

製造商	帝王集團（被百加得收購） John Dewar & Sons Ltd（Bacardi）
酒廠	班夫郡班夫鎮的麥可道夫（前格蘭德佛倫）酒廠 Macduff（formerly Glen Deveron），Banff, Banffshire
遊客中心	沒有
哪裡買	專賣店
網址	www.thedeveron.com
價格	

產地

年分

評鑑

德富（The Deveron）

12年陳釀 Aged 12 Years

這是一款過分謙虛和不愛出風頭的單一麥芽威士忌，而它似乎正面臨身分認同的危機——帝王集團麥可道夫酒廠生產的威士忌曾以麥可道夫、格蘭德佛倫以及最近以附近河流命名的德富等不同品牌在市場上進行銷售。

在它短暫的生命中，這款酒一直被用來調和，主要用於在法國和比利時頗受歡迎的威廉羅森（William Lawson's）調和威士忌上，估計也用在帝王集團的許多產品中。有一種說法是，它在威士忌的歷史只占了一部分，至少有一部分是由該酒廠建築師威廉．德爾梅一埃文斯（William Delme-Evans，一個有點不受重視的人物）設計的，但由於與最初的業主之間存在一些早已被人遺忘的齟齬，他在該專案完成之前就離開了，因此，從沒有人充分理解他的角色和作用。

不管真相如何，這家酒廠自一九九二年以來一直歸百加得公司所有，現在由它的子公司帝王集團經營，至少在英國，德富是最近重新推出的威士忌，以前它被稱為格蘭德佛倫，並作為10年陳釀威士忌銷售。

新的包裝顯得恰如其分地內斂，但在我看來，額外的2年陳釀是助力，幫它的口味發展得相當令人滿意。這款酒不是大家品味過的最複雜或要求最高的威士忌——價格不到三十五英鎊，大家還能指望什麼呢？不過我們並不希望每天或每次喝到的都是複雜或高要求的威士忌。

有時候，簡單的才痛快！這款單一麥芽威士忌口感佳、優雅、美味、順口，確實應該被更多人熟知。這裡離門庭若市的威士忌觀光路線遙遠，也沒有遊客中心，而且直到最近才架設了網站。我因此為德富感到遺憾——它值得更好的！雖然不難想像帝王集團更加關注他們的調和威士忌與艾柏迪單一麥芽威士忌，不過再多努力一點點宣傳這些威士忌也無妨啊！事實上，可以這麼說，他們明顯漠視是相當奇怪的！

一件有趣的事是：德富是一個盛產鮭魚、海鱒魚和褐鱒魚的漁場，擁有英國用飛蠅釣捕獲最重鮭魚紀錄。

品飲筆記

色澤 .... 嗅覺 ....

味覺 .... 餘韻 ....

28

製造商	帝王集團（被百加得收購） John Dewar & Sons Ltd（Bacardi）
酒廠	不適用——此款是調和威士忌
遊客中心	艾柏迪酒廠的帝王集團品牌之家
哪裡買	英國設有專賣店；美國則隨處都有販售
網址	www.dewars.com
價格	

產地

年分

評鑑

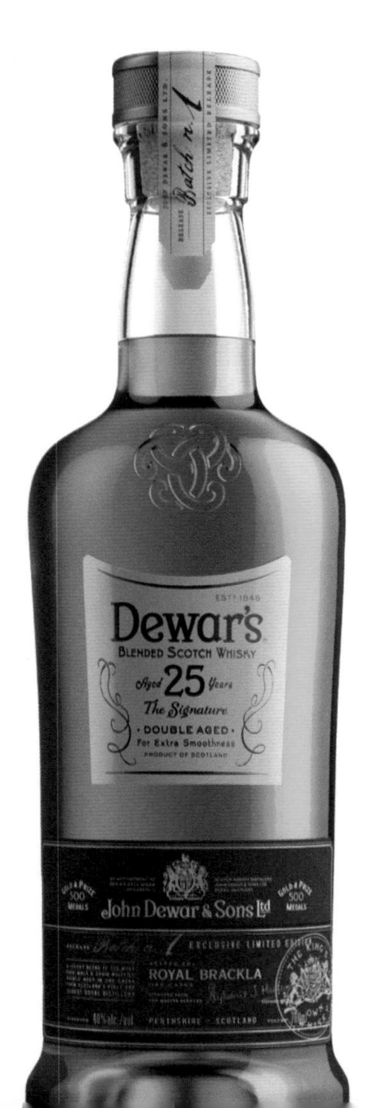

帝王（Dewar's）

典藏（The Signature）

各位一定已經注意到，帝王集團現在有三款調和威士忌了！這是因為，雖然這些威士忌一直都是優良威士忌，不過最近他們更上一層樓，目前正在生產兼具卓越品質而且價值連城的調和威士忌。就拿這款有二十五年歷史的典藏威士忌來說，它是調酒天后史蒂芬妮·麥克勞德（Stephanie Macleod）的力作。

我一直很喜歡之前的典藏版，雖然它從來沒有宣布過自己的熟成時間，不過它的確被裝在一個極度豪華的木盒裡，木盒最後還可以被升級改造成一個時尚的石棺，用來安放心愛的家庭寵物（寵物要小小的，而且顯然是只有我們深愛的、在家裡陪伴我們的好朋友，去了一個更好的地方之後，才能讓牠住進去囉）！

壞消息是，原版典藏版已不復存在，不過好消息則是，它又捲土重來了！以25年陳釀的版本重生，而且毫無疑問更渾厚甘醇！還有一個好消息，倉鼠寵物的棺材消失了，售價也大幅下降。雖然售價超過一百五十英鎊，購買時仍要慎重考慮，不過考慮到類似年分的競爭對手定價，採購這款酒真的很划算，尤其是考慮要去這家酒廠得不辭辛勞啊！

湯姆·艾特肯（Tom Aitken）打造了早期的版本，他非常重視「融合」過程，在這個過程中，各成分威士忌在最終調和之前，要先在大桶中釀造好幾個月。融合一直是帝王的特色，雖然現在也有其他人這樣做，不過帝王首代釀酒大師A.· J.·卡麥隆（A. J. Cameron）似乎是開山祖師，如今，他的接棒人史蒂芬妮·麥克勞德基於這項傳統和艾特肯的努力，將這款酒調配得更加濃郁、順口，並隱隱約約透露出更深的層次，使其典藏版威士忌成為一款啜飲起來非常特別的威士忌。被問到這項成就時，史蒂芬妮謙虛地表示同意，不過沒一會兒又提到她只進行了相對較少的變動。

說不定這只是心理作用，不過威士忌的熟成時間標示，讓人像吃了一顆定心丸！一旦掏出這麼多錢，或者把威士忌當作禮物饋贈時，熟成時間標示就是一個重要的因素，任何調酒師都會樂意在威士忌上面簽名。

品飲筆記

色澤 ______ 嗅覺 ______

味覺 ______ 餘韻 ______

29

製造商　帝王集團（被百加得收購）John Dewar & Sons Ltd（Bacardi）

酒廠　不適用——此款是調和威士忌

遊客中心　艾柏迪酒廠的帝王集團品牌之家

哪裡買　英國設有專賣店；美國則隨處都有販售

網址　www.dewars.com

價格

產地

年分

評鑑

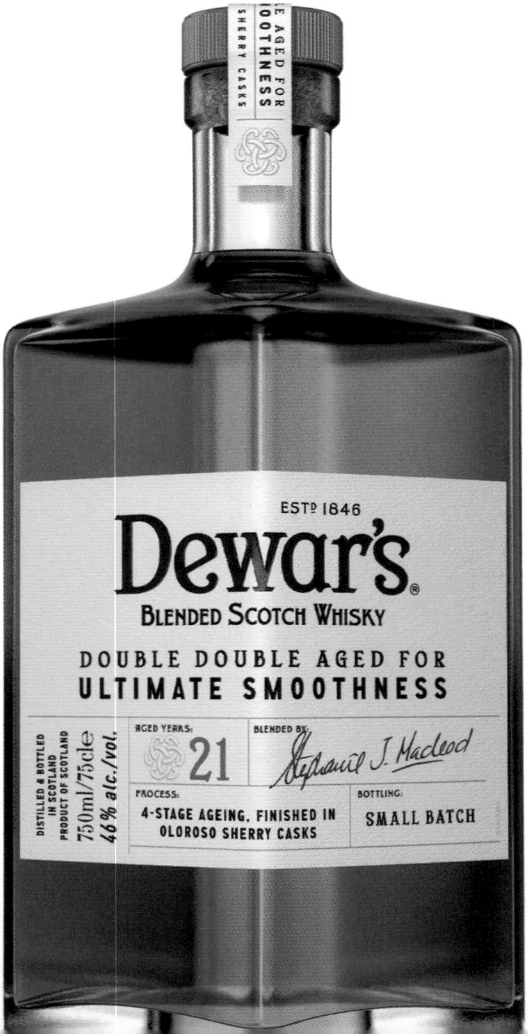

帝王集團（Dewar's）

四重陳釀（Double Double）

試想一下，將一個稱霸調酒界的一代宗師、豐富的庫存、傳統與創新的優質結合、相當合理的行銷預算、巧妙的包裝和對實驗躍躍欲試的公司統統加在一起，可能會得到什麼？

那麼，最後可能會看到了雙倍——事實上是帝王四重（Double Double）！這個不尋常的名字指的是「雙重陳釀」過程。帝王自稱是「融合」的先驅，而他們的現任調酒女王史蒂芬妮・麥克勞德則將它發揚光大！基礎麥芽和穀物分別陳釀，接著融合，再放回橡木桶進行二次雙重陳釀，最後這款調和威士忌會在前雪利酒桶中過桶熟成。這個過程既棘手繁瑣又費時耗日，須要密切關注威士忌的變化，確保它不會在任何一個階段停留太久，從而口味變得單一。延長雪利酒桶陳釀時間，尤其是佩德羅・希梅內斯（有時稱為PX）的熟成就會具有這種風味。

這款酒最初是限量發行，主要在美國銷售，因為帝王長期以來一直是美國人的最愛。實際上，這款酒共有三種佳釀，分別為21年、27年和32年，都裝在非常時尚的五十厘升瓶子裡，酒精濃度為46%，包裝令人印象深刻、引人注目，讓人聯想到iPhone的簡約白色包裝盒——這與我們印象中的帝王酒天差地別，但也因此變得更棒了！

這三款酒都是在雪利酒桶中過桶熟成的：21年用的是澳羅洛梭雪利酒桶，27年的是在帕羅科塔多（Palo Cortado）雪利酒桶，而32年的則是在以前存放佩德羅・希梅內斯（Pedro Ximenez）雪利酒的木桶中，經過這些時間過桶陳釀的。這是一款令人印象相當深刻的威士忌，但就我的口味而言，佩德羅・希梅內斯的味道略為明顯，而且一整瓶的價格相當於近五百英鎊，荷包大失血！不過，國際威士忌大賽將它評為二〇二〇年度威士忌，這說明了我的眼光。

我認為這款21年陳釀威士忌在品質和價格上都很不錯，尤其是它似乎很快就會全面上市，而且據我所知，還是全尺寸瓶裝的。

品飲筆記

色澤		**嗅覺**	
味覺		**餘韻**	

30

製造商	帝王集團（被百加得*收購*） John Dewar & Sons Ltd（Bacardi）
酒廠	不適用。此款是調和威士忌
遊客中心	艾柏迪酒廠的帝王集團品牌之家
哪裡買	英國設有專賣店；美國則隨處都有販售
網址	www.dewars.com
價格	

產地

年分

評鑑

帝王（Dewar's）

醇順系列嚴選水楢風味桶（Japanese Smooth）

各位現在說不定已經清楚了，對調和威士忌嗤之以鼻是巨大的錯誤，而這款威士忌可說是另一個原因！

帝王醇順系列嚴選水楢風味桶是最近推出的威士忌系列之一，也是由該公司現任調酒女王史蒂芬妮·麥克勞德調製的。她曾負責調製過該品牌的前幾款佳釀美酒，在她之前，只有六位調酒師，猜猜怎麼著，他們都是男性！但事實證明，她完全可以勝任這項任務，她在重要的行業技術委員會中的幕後工作，同時三度蟬聯國際威士忌大賽年度最佳首席調酒大師的殊榮，一而再、再而三證明了她的實力！她是一群富有創造力和才華的女力調酒師中的第一把交椅！引領著這個偉大威士忌的新時代！

該系列的目的在展示過桶熟成對威士忌風味口感的影響，大部分都是帝王系列的永久性產品，但可能是由於不可避免的酒桶供應限制，也有一款出色的限量發行產品（葡萄牙波特桶風味桶），而且，要是我們運氣不錯，可能還會不時推出更多產品！目前，假如各位有興趣，可以從三種帝王醇順系列版本中進行選擇：加勒比海蘭姆風味桶（Caribbean）、龍舌蘭風味桶（Ilegal）梅茲卡爾酒（Mezcal）和蘋果白蘭地過桶（Calvados）（純屬猜測啦！）

在詳細介紹這些威士忌之前，我們要先注意的是，對於這種品質的8年調和威士忌來說，這些威士忌的價值非常驚人，一般都在三十英鎊以下，所以要是各位覺得它們不太合自己的口味，也不會有太大損失。不過，令人心動的是，各位有機會品嘗根據一模一樣的特色調和出來的不同威士忌，而且可以比較過桶工藝的影響——這簡直是威士忌玩家的天堂！但千萬不要因為口味的問題而打消念頭，因為沒有一款威士忌會讓各位失望！

是的，這款威士忌給人的第一印象是順滑（這不僅是名稱決定了它對味覺的影響，還有年分和融合在發揮作用），但請繼續品嘗，因為它還有更多可以探索的東西！日本水楢桶（Japanese Mizunara Cask）則呈現出他們這款威士忌經典的肉桂、檀香和花香特色，以一種不急不緩、層次豐富而又複雜的方式，展示了高超的調和技藝。

品飲筆記

色澤 .... **嗅覺** ....
味覺 .... **餘韻** ....

31

製造商	英國英吉利公司 The English Whisky Co.
酒廠	諾福克郡羅德漢姆區的 聖喬治酒廠 St George's Distillery, Roudham, Norfolk
遊客中心	有
哪裡買	專賣店
網址	www.englishwhisky.co.uk
價格	

產地

年分

評鑑

英國英吉利（The English）

經典（Original）

目前英國至少有三十家酒廠在釀造威士忌，從東北部的阿德・格夫林（Ad Gefrin）酒廠到特魯羅市（Truro）的小酒廠——希克斯和希雷（Hicks & Healey）。新一代的創新釀酒師正在用令人興趣十足的新威士忌挑戰蘇格蘭的霸權*22。

因此，讓我們向一些先驅致敬——事實上是真正的「原創者」——他們為我們帶來了現代第一款英國威士忌。由於在同一時期有幾個人有同樣的想法，所以在這個稱號上，大家龍爭虎鬥，但由諾福克農民所組成的家族則一馬當先。

詹姆斯（James）和安德魯・內爾斯特洛普（Andrew Nelstrop）種植大麥，並擁有豐富的水源，這一切都讓他們想釀造起威士忌。由於不需要外部股東（並避免群眾募資或出售未製成的木桶），他們向蘇格蘭尋求建議。蒸餾器製造商佛賽斯（Forsyths）提供了設備和工廠，而拉弗格酒廠前傳奇酒廠經理伊恩・亨德森（Iain Henderson）則是參與其中，提供了他的專業知識，蒸餾工作就是在他的監督下開始的。自從前釀酒師大衛・菲特（David Fitt）接手以來，聖喬治酒廠的蒸餾業務便不斷發展壯大。

最初的目標是生產出一種更清淡、更富含果香的風格，聖喬治酒廠嚴格遵守蘇格蘭的生產規則——儘管他們現在提供穀物威士忌和英國單一麥芽威士忌。聖喬治威士忌不添加任何色素，也不進行任何冷凍過濾，儘管使用了一系列酒桶，不過大部分產品都進入了主要來自肯塔基州金賓酒廠的初次填充波本威士忌桶裡。

在首次開賣引起媒體狂熱追捧之後，生產量很快就暴增了，釀造出一系列風格有天壤之別的威士忌，並發售了完全熟成的威士忌。撇開新冠肺炎疫情不談，事實證明，觀光旅遊業是一項重要的資產，聖喬治酒廠之旅、備貨充足的威士忌酒店和餐廳理所當然地都擁有超高人氣！

現在，英吉利威士忌絕對是一個潮流、一種時尚，沒有人質疑它的地位或合法正當性——但我們還是希望其他英國蒸餾酒製造業者舉杯，由衷感謝內爾斯特洛普家族，他們十分神勇地踏上前人未至之境（除了一百多年前有人走過的地方，但我喜歡這句話）！

品飲筆記

色澤 ________ 嗅覺 ________

味覺 ________ 餘韻 ________

32

製造商 | 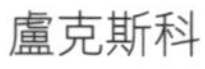 盧克斯科 Luxco

酒廠 | 未公開

遊客中心 | 有

哪裡買 | 專賣店

網址 | www.ezrabrooks..com

價格 | 

產地

年分

評鑑

布魯克（Ezra Brooks）

裸麥（Straight Rye）

布魯克這個名字與波本威士忌的關係最密切，雖然大家可能會認為它是以某個舊時、美國禁酒之前的蒸餾業者命名，不過事實上，它是一個相對現代的作品，在一九五七年時被構思出來並加以發表，目的是充分把握住並利用傑克丹尼（Jack Daniel's）威士忌的短缺。從一開始，它就與傑克丹尼的品牌相去無幾，以至於接連引起了法律訴訟，然而，訴訟失敗了，主要原因是它是在肯塔基州生產的波本威士忌，法院認為它不太可能跟田納西州生產的威士忌搞混——嗯，實際上，大家大概能猜到吧！

無論是否為機緣巧合，該公司的業績表現不俗，但隨後又經歷了一連串經營權變化，目前落到了盧克斯科（Luxco）的手中。盧克斯科自稱是「一家緬懷過去、著眼未來的消費品公司」，這樣挺不錯喔！

他們在肯塔基州巴茲敦市〔Lux Row〕酒廠奠定了波本威士忌的傳統，各位可以在那裡找到他們的遊客中心，而且他們也在那裡蒸餾有布魯克威士忌和其他品牌的威士忌。然而，這款裸麥威士忌於二〇一七年推出，其原因無非是裸麥威士忌作為一個類別，正在蓬勃發展（前一年的銷售額躍升了四分之一以上，這樣的增長速度會引起任何品牌業主的興趣）。它實際上來自印第安那州的巨頭MGP成分公司（MGP Ingredients），他們為眾多各式各樣的人士釀造了許多威士忌，其中大多數都是精美絕倫的上品！

這款威士忌雖然相對年輕，但不例外地，準確的細節仍然是模糊不清的，不過看起來這款酒並不是MGP成分公司向他們的一些自有品牌客戶（大概是小客戶）供應的「標準」裸麥威士忌。無論具體配方為何，我們都對盧克斯科所採取的定價策略表示支持。這款酒的定價就是為了銷售，這樣的定價更好！

因此，不要被價格標籤嚇倒，以為它無法與包裝更奢華、價格更昂貴的競爭對手相提並論，這是一款貨真價實、酒精濃度45%的順口威士忌，老埃茲拉（Ezra）會為此感到驕傲——若是他還健在的話。

品飲筆記

色澤 .... 嗅覺 ....

味覺 .... 餘韻 ....

33

製造商	懷特麥凱集團 （母公司為菲律賓皇勝集團） Whyte & Mackay（Emperador）
酒廠	亞伯丁郡勞倫斯柯克鎮的 費特肯酒廠 Fettercairn, Laurencekirk, Aberdeenshire
遊客中心	有
哪裡買	專賣店
網址	www.fettercairnwhisky.com
價格	

產地

年分

評鑑

費特肯（Fettercairn）

12年陳釀（Aged 12 Years）

我們曾經從不同的酒廠聽說過很多介紹水的故事，還有他們的特定水源是如何以及為什麼能以某種特殊而且非常神奇的方式變得特別。如今，由於酒桶已成為大家關注的焦點，這種有關水的傳奇已經不再那麼流行了。

但是如果不注意到水在這款威士忌裡所扮演的非比尋常角色，那就太可惜了。各位可能會說，費特肯酒液裡的水相當充沛（這麼講真抱歉），他們想讓大家知道的是，他們有一種獨特的冷卻蒸餾器的方法——用水淋濕蒸餾器以冷卻蒸餾器頸部的銅，這樣可以促進回流。也就是說，只有較輕的酒精蒸氣會在變成威士忌的過程中逸散到冷凝器。其他酒廠則祭出他們的蒸餾器高度或使用淨化器來達到類似的效果。

不過，費特肯酒廠已經這樣做超過五十年了，這種簡單的技術確實有效，賦予了他們家威士忌淡淡的熱帶水果風味特色，當然，酒桶的選擇仍然是另一個關鍵因素。和它的近鄰格蘭卡登（Glencadam）一樣，雖然在單一麥芽威士忌熱潮中，費特肯威士忌略微處於主流之外，但它對懷特麥凱集團的調和威士忌產生了一定的影響，而且由於與格萊斯頓（Gladstone）家族的關係，在首相之斧調和麥芽威士忌（請參閱第34款）中，也有費特肯威士忌的影子。

但是別忽略了這個令人愉悅、要求並不高的酒莊。酒莊主在環保方面表現突出——作為「燃料變化挑戰」（Fuel Change Challenge）的合作夥伴，他們努力實現碳中和生產，並在毗鄰的占地八千五百英畝的法斯克莊園種植了數萬棵橡樹苗。最後，由於使用了經過可靠採購以及管理的當地木材，費特肯酒廠將能按照單一酒莊的制度來生產威士忌。事實上，費特肯蘇格蘭橡木瓶裝威士忌很快就會上市了！

一想到他熱衷於在任何方便、適宜的樹上揮舞斧頭，大家不得不認為偉大老人*23他本人也會同意的——要是各位沒有近兩萬美元大洋來購買50年陳釀，那就先來一杯果香濃郁的12年陳釀吧！

品飲筆記

色澤 ______ 嗅覺 ______

味覺 ______ 餘韻 ______

34

製造商	比格及雷斯有限公司 Biggar & Leith, LLC
酒廠	不適用。此款是調和威士忌
遊客中心	無
哪裡買	英國設有專賣店
網址	www.gladstoneaxe.com
價格	

產地

年分

評鑑

首相之斧（The Gladstone Axe）

美國橡木桶（American Oak）

有些酒瓶在亮相時，標籤上會印著一張黑白照片，照片裡的人身穿維多利亞時代的服裝，留著漂亮的鬢角，緊握著他那把令人印象深刻的斧頭，看起來是個相當嚴肅的傢伙！我暗想，難道這是為了獻給「瘋狂斧頭哥」法蘭克．米切爾*24（Frank 'The Mad Axeman' Mitchell）而特別推出的嗎？他是羅尼．克雷（Ronnie Kray）和雷吉．克雷（Reggie Kray）*25的同夥之一，而且死於非命*——不過，事實上，這是在向傑出的自由黨政治家、四英國首相威廉．格萊斯頓（W. E. Gladstone）以及他在一八六〇年設立《烈酒法案》*26（*Spirits Act*）時扮演幕後推手，極有助於促進調和威士忌的發展而致敬呢！「瘋狂斧頭哥」則是一位熱心的業餘林務員啊！大家甚至還會專程去看他砍樹喔！（在Netflix可以看更多唷！）

不過，有鑒於現在已經沒有人會再研究歷史了，利物浦大學的學生甚至請願成功，把格萊斯頓的名字從大學的學生宿舍中刪掉，從而將這位曾經備受尊敬的公務員一筆抹殺！說不定乾脆每瓶酒都應該附上一個觸碰警語，警告大家別碰它！但那就太可惜了，因為首相之斧威士忌是一款調和麥芽威士忌，它的瓶裝酒精濃度是41%，確實是一款非常不錯的威士忌！

這款酒有兩種口味，一種是我更喜歡的美國橡木桶口味，另一種則是「黑斧」口味，這種威士忌的煙燻味更重、艾雷島威士忌含量更高。事實上，查了一下它的價格後，我滿腹狐疑它哪會是什麼香醪佳釀，而且我打電話給我的朋友、知名的威士忌作家，並且獲頒最優秀的大英帝國勳章員佐勳章的查理．麥克林（Charlie MacLean），詢問他的想法，他的評價是：「這是我見過最棒的調和麥芽威士忌，它實至名歸！」

至於為什麼會以十九世紀政治人物的名字來命名威士忌，看來是首相之斧威士忌背後的公司所有者之一是這位政治人物本人的曾曾孫，並且無疑非常積極熱衷於保護格萊斯頓的聲譽。位於格萊斯頓家族莊園附近的費特肯酒廠出產的單一麥芽威士忌，也出現在這個調和威士忌中。格萊斯頓曾經發表過一段談話：「我身上的每一滴血都是蘇格蘭人的，而這裡也沒有一滴血是大家不會投票支持的！」

* 查了一下，當年費了十二顆子彈，才把法蘭克送上了西天，不過光以一個道德賞罰的故事來說，這麼做還是值得的。

品飲筆記

色澤	....	**嗅覺**	....
味覺	....	**餘韻**	....

35

製造商 | 金賓三得利 Beam Suntory

酒廠 | 亞伯丁奧爾德梅爾德拉姆的格蘭蓋瑞酒廠 Aberdeenshire,Oldmeldrum,Glen Garioch

遊客中心 | 有

哪裡買 | 專賣店

網址 | www.glengarioch.com

價格 | 

產地

年分

評鑑

格蘭蓋瑞（Glen Garioch）

12年陳釀（Aged 12 Years）

關於哪裡才是「蘇格蘭最古老的酒廠」的見解眾說紛紜，在各個角逐者中，位於奧爾德梅爾德拉姆城鎮裡，充滿了田園風光、十分討喜的格蘭蓋瑞酒廠是數一數二最古老的酒廠。有證據顯示，該酒廠從一七八五年十二月就開始從事蒸餾業，不過他們自己更謙虛地表示是一七九七年。由於當地是富饒的農田，要是這裡未曾釀造蒸餾過酒，那才是一件真正令人匪夷所思的事呀！

假如說從那時候起，格蘭蓋瑞酒廠就沒有發生過太多世事變化，那是有些挖苦了，不過儘管格蘭蓋瑞酒廠的魅力毋庸置疑，它卻始終不是單一麥芽威士忌市場的主力軍。在前任酒莊主的管理下，格蘭蓋瑞酒廠的大部分酒都須要用於調配，不過，最近因為該酒廠的品質之高，是一項不爭的事實，這一點廣獲公認表彰，因此即使不是全部，大部分的產品也都預留作為單一麥芽威士忌。如今，在該酒廠中仍然可以找到一些協力廠商裝瓶的酒，但他們的正式產品種類繁多，包括可以追溯到七〇年代末的陳年佳釀、一款有趣的處女桶（全新橡木桶）產品、一款15年陳釀的文藝復興（Renaissance）威士忌，以及創者臻藏（Founder's Reserve），以紀念最初創建該酒廠的梅生兄弟（Manson brothers）。大多數的威士忌都是瓶裝酒、未經冷凍過濾，酒精濃度為48%，這些事在比較價格時值得注意。

因此，我想到推薦的12年陳釀，這款酒的價格只比入門級的創者臻藏威士忌貴了兩成，而且在我看來，只要多花七英鎊，就可以從這款酒開始品嘗。這款威士忌採用了前波旁酒桶和前雪利桶的混合木桶釀製而成，這種無泥煤風格增加了威士忌的複雜性和柔和的果香口感，口感有法式烤布蕾的香味，搭配梨子與一股暗藏的甜味，雖然這不是大家能遇到最濃烈的酒，不過它值得擁有更高的知名度、而且征服更多人的心！

但在某些方面，我希望不是這樣。這間酒廠規模相對較小，產量必然有限，知名度一提高，價格無疑會順水推舟地不斷攀升。這款酒的名字略顯怪異，發音為「glen geery」，來自當地的多立克語（Doric，北部蘇格蘭方言），它的外形美觀、美味可口、價值不菲，是一個值得牢記的名字！

品飲筆記

色澤 ________ 嗅覺 ________

味覺 ________ 餘韻 ________

36

製造商	奧樂齊超市 Aldi Stores Ltd
酒廠	未公開
遊客中心	無，但商店數量眾多
哪裡買	奧樂齊商店
網址	www.aldi.co.uk
價格	

產地

年分

評鑑

格蘭馬諾齊（Glen Marnoch）

斯佩塞（Speyside）

好吧，它是奧樂齊出品的，或許瓶子很乏味，但是，它可是有瓶瓶罐罐包裝的唷！在寫這篇文章的時候，它的價格是16.99英鎊，而且還有十二年的威士忌，價格則為17.99英鎊，大家可別跟我說，就算錯過它也不足惜；它可能是這本書裡最划算的威士忌了！

好吧，這個名字可能既俗又遜！不過各位有醒酒器吧？各位會調製雞尾酒，而且樂得在不必傾家蕩產的情況下試一試，用這一款威士忌，就可以讓你大展身手！

對啦，我承認各位會遍尋不著這家格蘭馬諾齊酒廠，不過各位應該向奧樂齊超市的採購員脱帽致敬，他們從艾雷島、斯佩塞和高地這些地區採購了三種優質單一麥芽威士忌，偶爾還會有特別款式，包括最近的蘭姆風味桶，以及幾年前以19.99英鎊的價格販售的二十五年斯佩塞單一麥芽威士忌——不過消息一傳十、十傳百，這種價錢並沒有持續多久！

好吧，各位可能會認為，它們在裝瓶的過程中，酒精濃度較低；但其實不然，它們的酒精濃度高達40%。不可否認地，它們會經過冷凍過濾，不過為數不少更所費不貲的知名品牌也是如此。

要是大家不相信我，那我只想點醒大家，他們的威士忌系列在矇瓶試飲時，是抱回重大獎項的贏家喔！我感到很困惑，但標準的斯佩塞系列可能就是其中的佼佼者啊！它這樣的價錢，讓我回想起八〇年代聲名狼籍的威士忌湖*27，當時威士忌製造業者以低廉的價格，傾銷一些顛覆我們三觀的威士忌；但今天的情況並非如此，任何威士忌粉絲的荷包都能證明這一點，因此，能找到定價如此超值的威士忌，就更加令人欣慰了！

好啦，它來自哪裡真的很重要嗎？格蘭莫雷一直以來都是奧樂齊超市貿易的主要供應商，隨著現任酒莊主拉馬邑（它是威士忌市場上很有生意腦的經營者）的擴張，於是格蘭莫雷變成了大家主要懷疑的目標。不過，管他是格蘭甲、格蘭乙還是格蘭丙，我個人並不在乎啦！斟上一杯，一醉方休！

好喔！這款威士忌很不賴呢！所以我們都很安心了吧！？

品飲筆記

色澤 ………… **嗅覺** …………

味覺 ………… **餘韻** …………

37

製造商	拉馬邑 La Martiniquaise
酒廠	摩瑞郡埃爾金市的格蘭莫雷酒廠 Glen Moray, Elgin, Morayshire
遊客中心	有
哪裡買	英國設有專賣店
網址	www.glenmoray.com
價格	

產地

年分

評鑑

格蘭莫雷（Glen Moray）

烈焰熾燒桶（Fired Oak）

有一個跟魚有關的故事：很久很久以前——實際上是在一九八九年左右——格蘭莫雷酒廠經營著一家養魚場，想要為在南方的熱情客戶養殖吳郭魚。一切都很順利，魚兒喜歡用管子運送到舊薩拉丁麥芽箱（Saladin malting box）裡的溫水，而且牠們長得豐腴肥美。不幸的是，沒有人考慮到將魚運往市場要花錢而且事情很複雜，這個棘手的問題導致這個專案被悄然放棄。

幾年後，格蘭傑公司仍擁有這家釀酒廠。其時我負責擴大產品範圍，推出一些時尚的金屬盒子，這些盒子穿著蘇格蘭各個軍團的制服和軍服，現在偶爾還會出現在古董店裡（是金屬盒，不是老士兵）。但格蘭莫雷威士忌總給人寂寂無聞的感覺，以前的酒莊主忽視這個品牌，只把它局限在供應一小部分價格適中的威士忌，相當缺乏獨特的行銷想法，而且也怪沒有創意的。

最後，格蘭傑公司被賣給了酩悅．軒尼詩一路易．威登集團，該集團專攻高價位的奢侈品牌，因此，二〇〇八年時，他們將格蘭莫雷賣給了法國同胞拉馬邑，後者的風格偏向中階市場，同時也是法國超市調和威士忌霸主。

不過，在單一麥芽威士忌方面，他們的做法要進步得多，且正在慢慢恢復麥芽威士忌的聲譽。現在，這裡有各式各樣不同的風味桶威士忌、陳釀窖收藏威士忌，甚至還有——想不到吧——泥煤威士忌！推出蘋果風味桶曾讓我短暫地雀躍不已！但在引起爭議之後——而且可能就是因為這樣——這一切都不復存在了。最近，二〇一九年推出的「法式農業蘭姆酒風味桶計劃」是以馬提尼克島（Martinique）聖詹姆斯（St James）酒廠的橡木桶來進行過桶熟成。

看來有大約二十種威士忌可供選擇，價格都很合理。不過，這款烈焰熾燒桶的價格似乎略有下降，要了解這家不幸被低估的酒廠，從它入門最適合！它仿照波本威士忌使用新橡木桶的做法，要是各位喜歡更甘甜、更辛辣的威士忌，不妨選擇這款威士忌，它也是一條大魚喔（這個魚笑話很冷、夠難笑，抱歉啦）！

品飲筆記

色澤 ……………… **嗅覺** ………………

味覺 ……………… **餘韻** ………………

38

製造商	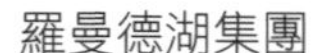羅曼德湖集團 Loch Lomond Group
酒廠	亞蓋爾一標特區坎培爾城的格蘭帝酒廠 Glen Scotia, Campbeltown,Argyll & Bute
遊客中心	有
哪裡買	專賣店
網址	www.glenscotia.com
價格	

產地

年分

評鑑

格蘭帝（Glen Scotia）

維多利亞（Victoriana）

這款威士忌是這個小鎮上令人驕傲、打不倒的勇士！而這個小鎮曾經是蘇格蘭威士忌的中心。

威士忌造就了這個地方，從二〇年代開始，這個地方的蒸餾業崩潰瓦解，使得這座小鎮數十年來默默無聞。不過，隨著威士忌捲土重來，這個地方又開始慢慢復甦，這是所有威士忌資深玩家都求之不得的——即使他們從未沿著琴泰岬半島（Kintyre Peninsula）長途跋涉到著名的坎培爾湖（Campbeltown Loch），據說某位前酒廠主人曾在這片湖中溺水身亡（而且他的鬼魂一直在格蘭帝酒廠出沒）。

在巔峰時期，這裡曾有二十一家酒廠，但最終只有雲頂酒廠（Springbank）還在營業（而且只是偶爾營運）。不過，一八三二年創立的格蘭帝酒廠則一直處於停產狀態，因此在二〇一四年，羅曼德湖集團的新私募股權所有人讓它重獲新生，他們翻新了格蘭帝酒廠，建造了一個新的遊客中心，並推出了一系列有趣的單一麥芽威士忌，這些威士忌是多個重要獎項的常勝軍！不過這並不是一家大型酒廠，而且相當大比例的產量都須要用在母公司的調和威士忌上，因此要找到這些麥芽威士忌，可能要費點功夫。

如同這句歌詞——坎培爾湖是「一個人間仙境」（它確實如此）。但「威士忌的價格卻一直居高不下」，要是各位能找到一款格蘭帝45年陳釀威士忌，售價會落在約四千英鎊左右！好吧，這得看各位的口袋有多深，不過現在大多數格蘭帝威士忌都物有所值，絕對值得探尋！

在上一版書中，我提到了他們的15年單一麥芽威士忌，我對這款酒的評價仍然很高，但這款原桶強度（54.2%酒精濃度）的維多利亞威士忌兼顧品質與價位，它在這兩者之間找到了一個可遇不可求的最佳平衡點——六十五英鎊左右的價格絕對不會讓各位踩雷！這款威士忌充滿了水果、香料和均衡的木香，這些香味都來自美國橡木桶的深度炭化，並且使用了大量以前裝有佩德羅．希梅內斯雪利酒的橡木桶來加強。這是一款強勁、濃郁的狄更斯式威士忌，各位可以一邊品嘗並與朋友分享，一邊欣賞加入少量水後，形成明顯引人注目的黏度渦流*28。

品飲筆記

色澤		**嗅覺**	
味覺		**餘韻**	

39

製造商	艾樂奇酒廠股份有限公司 The GlenAllachie Distillers Co. Ltd
酒廠	摩瑞郡亞伯樂村的艾樂奇酒廠 GlenAllachie, Aberlour, Morayshire
遊客中心	有
哪裡買	專賣店
網址	www.theglenallachie.com
價格	

產地

年分

評鑑

艾樂奇（The GlenAllachie）

12年陳釀（Aged 12 Years）

這是一家斯佩塞地區的小酒廠，似乎已經長時間被大多數人漠視。艾樂奇酒廠一九六七年開業，由威廉・德爾梅—埃文斯（William Delmé-Evans）設計，我們在德富威士忌（請參閱第27款）已經見過它。在當時，該酒廠的規模很大，每年能生產約三百萬升烈酒。遺憾的是，由於艾樂奇酒廠聲名遠播，幾乎所有的酒都註定要被用於調和，該酒廠也成為八〇年代經濟衰退的犧牲品，於一九八五年停業。

然而，一九八九年時，新的酒莊主坎貝爾酒廠（Campbell Distillers，隸屬於保樂力加集團）出力，重新開始營運，並將艾樂奇酒廠當作坎貝爾酒廠來經營近三十年的時間。雖然如此，該酒廠的產品仍再度主要用於釀造調和威士忌，很少有單一麥芽型產品問世，大部分產品用於在法國超市非常吃香的坎貝爾氏族（Clan Campbell），以及100派珀（100 Pipers）和護照（Passport）等「超值」品牌上（要是各位沒聽過這些品牌也不用擔心，因為各位並沒有錯過或漏掉什麼），艾樂奇威士忌則默默無聞。然而，二〇一六年時，班瑞克酒廠（BenRiach）以2.85 億英鎊的價格被賣給美國百富門公司，使得在威士忌界執牛耳的比利・沃克既有了資金、又有了繼續工作的慾望。令所有人始料未及的是，他找上了保樂力加，並且在二〇一七年七月同意收購艾樂奇酒廠，甚至買下了一批數量不算少的存貨。

不久之後，一個煥然一新的艾樂奇酒廠華麗登場了，這都是脫胎於沃克卓越的能力，他善於挑選優質酒桶，並將它提升到一個全新的、意想不到的高度！沃克在酒窖中施展了他的魔法，現在他可以提供一系列艾樂奇酒廠生產的單一麥芽威士忌，一直到陳釀30年的原桶強度威士忌（各位大不了就掏四百七十五英鎊購買吧），其中還有數量相當多的過桶陳釀和風味桶、限量發行以及核心陳釀系列。假如保樂力加的某些高階主管在回顧這筆交易時不覺得自己愚蠢，我也不會覺得奇怪。

雖然有一款相當出色的15年陳釀值得一試，不過我還是想從這款酒精濃度為 46%的12年陳釀開始，探索這裡可以發現的豐富寶藏——這真是個重大發現！一旦消息以迅雷不及掩耳的速度傳開，預計價格就會上漲！

品飲筆記

色澤 ……………………………… **嗅覺** ………………………………

味覺 ……………………………… **餘韻** ………………………………

40

製造商	安格詩丹迪酒廠 Angus Dundee plc
酒廠	安格斯區布里金鎮格蘭卡登酒廠 Glencadam, Brechin, Angus
遊客中心	目前正在開發中
哪裡買	專賣店
網址	www.glencadamwhisky.com
價格	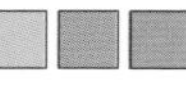

產地

年分

評鑑

格蘭卡登（Glencadam）

15年陳釀（Aged 15 Years）

各位說不定從來沒聽過格蘭卡登酒廠，但我一點都不意外，因為近兩百年來，這家布里金鎮上的小酒廠幾乎專門生產調和威士忌，有點偏離了既定的威士忌路線，直到最近，這家酒莊主一直都對格蘭卡登以及它的同類產品「都明多」（Tomintoul）保持低調姿態。

但這一切都將改變，而且終於來了！來得正是時候！因為我們在這裡遇到的酒款既便宜又是好貨，因此這款鮮為人知的單一麥芽威士忌非常值得一試。酒廠的所有人安格詩丹迪酒廠（Angus Dundee plc）正在砸重金投資格蘭卡登酒廠，他們於二○○三年從聯合多美克（Allied Domecq，現已被保樂力加合併）手中收購了這家酒廠。從歷史上看，該酒廠一直是大麥奶油（Cream of the Barley）和百齡壇調和威士忌（Ballantine's blend）的主要供應商，在二○○九年之前，新酒莊主一直把重心放在調和威士忌市場和自有品牌客戶銷售上。

雖然這仍然是格蘭卡登酒廠的主要業務，不過該酒廠已經慢慢且穩定地轉向銷售單一麥芽威士忌。現在，隨著二○二五年滿二百周年紀念日的腳步接近，格蘭卡登酒廠已經擴建，並且正在開發一座規模大得出奇的遊客中心。倘若想參觀經過精心修復的原始內部水車和傳統的低矮鋪地式酒窖，不妨把這裡加進各位的人生遺願清單吧！在不遠處，各位還可以參觀阿爾比奇高地莊園（請參閱第4款），並領略到安格斯鄉村的低調魅力，讓一天變得更加完美圓滿！

這裡的威士忌種類繁多，包括兩種無年分威士忌風格（安達盧西亞威士忌和原產地威士忌），10、13、15、18、21和25年陳釀，以及不定期推出的單一木桶威士忌和陳年佳釀。在其中一個營造出獨特氛圍的破舊低矮鋪地式酒窖裡，我發現了一些一九七八年的酒桶，大概是為二○二五年的慶祝活動所準備，不過也有一些酒桶會保留到五十年。

每款威士忌的包裝都很合理，令人開心的是，它們沒有金光閃閃的裝飾，價格也很親民。我最心動不已的是酒精濃度為46%的15年陳釀——買到就賺到！給人一種愉快、優雅的驚喜！要是各位的預算允許，20年陳釀那複雜玄妙的口感和深度會更好一些。

品飲筆記

色澤	....	**嗅覺**	....
味覺	....	**餘韻**	....

41

製造商	百富門公司 Brown-Forman Corporation
酒廠	亞伯丁郡亨特利鎮福格穀村的格蘭多納酒廠 GlenDronach, Forgue by Huntly, Aberdeenshire
遊客中心	有
哪裡買	專賣店
網址	www.glendronachdistillery.com
價格	

產地

年分

評鑑

格蘭多納（The GlenDronach）

復興（Revival）

我正思考著格蘭多納酒廠的福格穀（一滴就十足美味的10年單一麥芽威士忌，但只在免稅店銷售）多得不得了的優點時，我想起了蘇希德爾和拉傑比爾辛格（Sukhinder&Rajbir Singh）*29曾將其陳釀15年的復興威士忌描述為「開創性的」，並將它選入他們推出的《改變世界的二十種威士忌》中。這個評價確實是高度讚揚，也是至高無上的榮譽！

順便說一句，要是各位不認識他們的名字，那麼應該要知道他們是威士忌交易所（The Whisky Exchange）（以及其他幾家相關企業）奇蹟背後的兄弟——這家公司改變了英國烈酒行業電子商務零售的面貌，並且領先全球。該公司一九九九年成立，很難低估他們對威士忌市場的影響力，這無疑是保樂力加在二〇二年出手收購該公司，使辛格家族變得獨立富有的原因。因此，他們在威士忌上投入如此多的心力時，我們其他人就應該也要感興趣而且關注一下。

格蘭多納酒廠的歷史可以追溯到一八二六年，但除了調酒兄弟會以外，它在所有人面前都顯得相當低調（實際上幾乎是默默無聞），直到二〇〇八年才被當時管理班瑞克酒廠公司的比利．沃克（Billy Walker）收購（另請參閱麥肯尼——第70款，或請翻回前幾頁參閱有關名滿天下的威士忌之神「沃克」的更多資料）重振。他還恢復了格蘭多納酒廠長期以來威名遠播的威士忌領域，也就是一種濃重的雪利酒風格的威士忌，而這種風格的威士忌在前酒莊主的管理下已經不時興了。

才一眨眼的功夫，他就釀造出一些非常棒的酒。現在其他酒廠，尤其是麥卡倫和格蘭花格等已經憑藉這種風格而聲名鵲起，不過，在沃克管理下的「新」格蘭多納威士忌卻一飛衝天，尤其是在「威士忌交易所」將復興列為他們二〇一五年的年度威士忌之後，這款威士忌很快售罄並且停產，成為它自己名揚四海的犧牲品。

快進入二〇二二年後，格蘭多納成了美國百富門公司旗下的酒廠，在調酒皇后蕾秋・巴里的巧手指揮下，復興又重新欣欣向榮！假若各位喜歡佩德羅．希梅內斯雪利酒濃郁的葡萄乾口感，那麼應該很快就會喜歡上這款威士忌！

品飲筆記

色澤		嗅覺	
味覺		餘韻	

42

製造商	格蘭特酒廠 J&G Grant
酒廠	班夫郡巴林達羅奇村的 格蘭花格酒廠 Glenfarclas, Ballindalloch, Banffshire
遊客中心	有
哪裡買	專賣店
網址	www.glenfarclas.co.uk
價格	■■■■

產地

年分

評鑑

格蘭花格（Glenfarclas）

25年陳釀（Aged 25 Years）

我在本書的每一版中都推薦過他們的105原桶強度威士忌（這種讚賞還真是十分難得），我是死忠的格蘭花格粉絲！坦白說，他們也很喜歡我，曾邀請我為他們從家庭持股分家獨立經營一百八十五周年紀念出書。不過老實說，即使他們不賞我這口飯吃，我也會把他們寫進我的必喝威士忌書裡！

不過，雖然我仍然把105當作我的夢幻逸品，但它必須讓位給陳釀25年單一麥芽威士忌——各位女士、先生，它是這十年來最划算的一款酒！只要一百五十英鎊就能買到一瓶不同於105威士忌的酒，我甚至看到過它出現低於一百英鎊的促銷價格（可能再也不會有第二次這種價格了）！老實說，我不知道他們是怎麼辦到的，也不曉得他們為什麼要這麼做——實際上，其他年分相近的單一麥芽威士忌的價格，確實是它的三到四倍，12年陳釀的單一麥芽威士忌的價格幾乎跟它相當，而一些來自遙遠國度、沒什麼人聽說過的「手工精釀」酒廠，我們對他們所知少之又少，但他們竟然還好意思為自己第一次發表的威士忌來個獅子大開口！所以各位絕對不能錯過這款陳釀25年威士忌！

與斯佩河谷稍遠的另一家相當時尚的酒廠一樣，格蘭花格酒廠也是雪利酒桶的忠實擁護者，這是一個家族企業的小眾經典之作，他們理所當然為自己自立門戶感到自豪。他們小心翼翼、兢兢業業地維護著自己的品質聲譽，這也是理所當然的——各位不會看到任何貼有他們標籤的次級品，他們也沒有找第三方當協力廠商裝瓶。但跟某些近鄰酒廠有區別的是，他們並沒有屈服於「奢侈」行銷的誘惑，而且經常摒棄不必要的高價位包裝（好吧，他們最近有所收斂，但一定很難抵擋從那些崇尚奢華酒瓶和浮誇庸俗包裝盒人身上騙取錢財的誘惑）。不過，假如各位有良好的判斷力、夠理智，不理會那些鬼話連篇，注意力只集中在好東西上，那麼這款酒就不容錯過！儘管我無法告訴各位它還能持續多久。

在各位盡情享受這款威士忌的同時，還能讓自己陶醉在因為成了最不可多得、又特立獨行的酒廠——一家自立門戶、生產蘇格蘭威士忌的蘇格蘭公司——的後盾，而從自己身上散發出來的那道品德高尚的光芒啊！

品飲筆記

色澤 ………… **嗅覺** …………

味覺 ………… **餘韻** …………

43

製造商	格蘭菲迪酒廠 William Grant & Sons Distillers Ltd
酒廠	班夫郡達夫鎮的格蘭菲迪酒廠 Glenfiddich, Dufftown, Banffshire
遊客中心	有
哪裡買	銷售點偏布全球
網址	www.glenfiddich.com
價格	

產地

年分

評鑑

格蘭菲迪（Glenfiddich）

蘇羅拉15年（Solera 15）

我選擇的是這家非常重要的酒廠核心系列中的經典作品。大家都知道，格蘭菲迪是世界上數一數二最暢銷的單一麥芽威士忌，這要歸功於這個堅定的獨立家族高瞻遠矚的決定，在威士忌業界其他成員不再積極抵制單一麥芽威士忌之前，格蘭菲迪就開始推廣這個想法，成為單一麥芽威士忌的助選員。同時，它不再也是首屈一指最早向大眾開放的酒莊，這個策略真是棒透了！一旦其他酒莊對讓人進入他們以前會嚴加看守的聖殿的想法嗤之以鼻，他們就會在第一時間依樣畫葫蘆了！

但有些熱愛麥芽的玩家似乎對格蘭菲迪俯拾皆是感到相當不悅，理由是如此大眾化的玩意兒怎麼可能會是什麼好東西！因為格蘭菲迪隨處可見（確實如此），遂失去了那種奢侈品可以讓勢利眼客戶耍派頭的吸引力！對此，格蘭菲迪也不甘示弱！他們不時推出限量版，好比實驗系列（Experimental Series），但我認為現在是時候回顧一下他們更早進行的其中一項創新設計，他們很樂意在客人參觀他們酒廠時，展示這個創新的設計。

這個創新設計的重點是一個引人注目的橡木桶（它是一個巨無霸桶子），靈感來自西班牙雪利酒的酒莊，它可以容納八千多加侖（三萬六千三百多升）的熟成威士忌，足夠舉辦一次唐寧街派對，或裝滿三百五十多個標準的英國浴缸！並不是說各位想在這些東西裡面洗澡啦，不過，如果各位有幸拾級而上並在至高點盤旋，那香氣將會令人陶醉，而且各位很容易就能想像自己陷入其中的情景！這一款斯佩塞風格的蘇羅拉借鑒了西班牙的另一個技巧。

早在一九八八年時，這個大塊頭容器就裝滿了在歐洲橡木雪利酒桶和新美國橡木桶中熟成的格蘭菲迪混合酒，從那以後就再也沒有空過。在裝瓶之前，會抽掉一半的酒，然後重新裝滿，這就代表酒的味道會慢慢演變，而且裡面還有一些原始烈酒的痕跡。

因此，大家不妨把它看作是一款陳年15年的威士忌，其中還含有一些已經窖藏三十多年的成分，是大家可以買到的一款物美價廉的威士忌！

品飲筆記

色澤	....	**嗅覺**	....
味覺	....	**餘韻**	....

44

製造商	百富門公司 Brown-Forman Corporation
酒廠	亞伯丁郡波索村的格蘭格拉索酒廠 Glenglassaugh, Portsoy, Aberdeenshire
遊客中心	有
哪裡買	專賣店
網址	www.glenglassaugh.com
價格	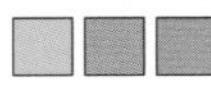

產地

年分

評鑑

格蘭格拉索（Glenglassaugh）

12年（12 Years Old）

介紹這款也太異想天開了！不過，請各位先坐下來，假如動作夠快、又有幸運之神眷顧，搞不好還能找到最後一瓶（只有二百六十四瓶）格蘭格拉索50年陳釀。沒錯，我知道它至少要價五千五百英鎊，但它是極少數我能毫無保留地支持認同的首屈一指真正陳年、真正奢侈的威士忌！

那是因為我已經嘗試過了！從二〇〇八年初開始，我在那裡擔任兼職臨時行銷總監，並利用酒廠的有限庫存老威士忌推出了一些獲獎產品（40年威士忌尤其出色）。50年威士忌是該庫存中的最後一批，從當今古代威士忌荒謬的價格來看，幾乎可以被認為是「性價比很高」了！

當時，格蘭格拉索酒莊的所有者是一群不為人知的投資者，他們透過一家在荷蘭登記註冊的公司經營業務，但有傳言說他們背後有前蘇聯集團的資金支持。他們很少造訪該酒廠，來參觀時，他們之間進行的相當熱烈的討論十分值得觀察。二〇一三年，他們突然將酒廠賣給了班瑞克酒廠（Benriach），而班瑞克酒廠很快又被美國的百富門公司收購。

但生產已經重新開始，而且公平地說，他們從來不會捨不得投資生產成本和購買像樣的酒桶——吉姆・斯萬（Jim Swan）博士參與了一些橡木桶的採購，他們還獲得了不尋常的俄羅斯紅酒桶。如今，蕾秋・巴里這位威士忌界首屈一指的女英雄，全面負責生產，她也繼承了斯圖爾特・尼克森（Stuart Nickerson）和格雷厄姆・尤恩森（Graham Eunson）重新開業時稟承的精神，還有值得尊敬的威士忌名字——相信我，這是一分出色的威士忌名單！

所以，我在黑暗中邁出了一小步，不過，二〇二二年時，第一款成熟的「新」格蘭格拉索威士忌將以12年陳釀的形式面世。儘管我還沒有品嘗過這款酒（除了十年前新釀造的酒之外），我還是建議各位直接去買一點！

封存前的威士忌陳釀得非常有格調而且尊貴，至今仍是我有幸品嘗過的名列前茅最優質的威士忌（謝謝你們～有些陰險的俄羅斯人）！

品飲筆記

色澤 ________ **嗅覺** ________

味覺 ________ **餘韻** ________

45

製造商	麥立得酒廠集團 Ian Macleod Distillers Ltd
酒廠	格拉斯哥市附近的基爾納村的歐肯特軒小山中的格蘭哥尼酒廠 Glengoyne, Dumgoyne, nr Killearn, Glasgow
遊客中心	有
哪裡買	銷售點遍布全球
網址	www.glengoyne.com
價格	

產地

年分

評鑑

格蘭哥尼（Glengoyne）

10年陳釀（Aged 10 Years Old）

追蹤你的前任會鑄成大錯（或者有人是這樣告訴我的，我本人倒是沒有耍這種陰謀詭計的經驗）！因為這樣做，顯然會讓人黯然傷神、大失所望，或還要糟得多了！一如詩人提醒我們的：「距離就是美」啊！

我對格蘭哥尼酒廠青睞有加，原因無他，因為它是我參觀過的第一家酒廠。我是在度蜜月的時候去的，這件事應該會讓我的妻子大驚失色——雖然威士忌是直到幾年之後，才開始在我的生活中扮演重要的角色！

回到當時，格蘭哥尼威士忌是早已被人遺忘的紅駝峰（Red Hackle）調和酒的主要成分，調和它的赫本和羅斯（Hepburn & Ross）公司曾用公司車勞斯萊斯將它送到蘇格蘭西部的客戶手中，它也是西鄉啤酒廠德文尼什（Devenish）專屬莊園中的自釀調和酒。我的威士忌生涯就是從這裡開始的，這也是我與新婚妻子造訪該酒廠的原因。即使在當時，格蘭哥尼酒廠對主顧訪客的款待和熱情也堪稱傳奇，在那個時代，以今天吝嗇的標準來看，他們的招待宴會非常奢華，而且是廣設宴席，他們也不太在意活潑頑皮或心懷叵測的人以及安全。

這些都是很久以前的事，就不再提了。自從愛丁頓集團有限公司將格蘭哥尼酒廠出售給現在的酒莊主麥立得酒廠集團後，格蘭哥尼本身也重獲新生，有了新的轉機。作為一家私營公司，他們不須要對市政府負責，因此可以從長計議，考慮優質威士忌的長期影響。這種宏觀長遠的眼光和角度極度重要，他們對該酒廠進行了投資、開發了品牌，並慢慢地讓它更加顯赫和突出！

因此，這是一款非常有吸引力的威士忌，應該得到更多伯樂欣賞它！它有不同的年分和多樣的餘韻可供選擇，我比較偏愛上版書中推薦的21年陳釀，不過由於現在一瓶的價格已經逼近一百五十英鎊的危險邊緣，為了不讓荷包失血，我選擇了這款「入門級」的10年陳釀。順便說一句，我和我的夫人還在一起，謝謝大家的關心喔！

格蘭哥尼酒廠位於舊的「高地線」*30上，這代表著該酒廠地處高地，但它的酒窖卻位於低地，這件事還真有意思。

品飲筆記

色澤		**嗅覺**	
味覺		**餘韻**	

46

製造商	帝亞吉歐集團
酒廠	東洛錫安郡潘凱特蘭村的格蘭昆奇 Glenkinchie, Pencaitland, East Lothian
遊客中心	有
哪裡買	專賣店
網址	www.malts.com
價格	

產地

年分

評鑑

格蘭昆奇（Glenkinchie）

12年陳釀（12 Year Old）

格蘭昆奇酒廠以前是一家默默無聞的單一麥芽威士忌生產廠，曾經因為擁有自己的保齡球場而聞名遐邇，最近它經過了重大改造，現在被稱為「約翰走路的低地之家」。這當然是在暗示著一個事實：在它生命週期的大部分時間裡，這裡生產的大部分威士忌都注定要用於調和，但我可以告訴各位三件有趣的事。

首先，這裡有最好的酒廠模型。這個模型最初是為一九二四年的大英帝國展覽而製作的，當時它顯然用於釀造烈酒。它最終出現在慕赫（Mortlach）*31的商店中，但在一九七六年被安裝在此處。光是這個宏偉的模型就值得大家一遊了！

其次，在該模型旁一個不起眼的陳列櫃裡，各位可以看到維多利亞時期鼎鼎有名的威士忌作家阿夫雷德．巴納（Alfred Barnard）撰寫的一本迄今為止不為人知的小冊子，搞不好這本小冊子還是獨一無二的！老實說，看到這本小冊子時，我的心跳停了一拍，心裡一陣緊張！

最後是，這家酒廠據説鬧鬼。很多年前，我第一次造訪格蘭昆奇酒廠時，當時的經理向我透露，他們這裡有三個鬼魂出沒，分別叫威利（Willie）、溫柔的塔姆（Gentle Tam）和雷德帕斯夫人（Mrs Redpath），祂們都會在牆壁上留下令人毛骨悚然的痕跡，還能打開長期被鎖住的門（這讓大家不禁納悶，祂們為什麼要穿牆而過呢？不管是不是鬼魂，這樣做一定很疼吧！）不過，導遊現在否認這些鬼魂的存在，而且，我們又能上哪兒找鬼魂呢？

不對！今天的重點全部都是非常企業化的！而且集中在格蘭昆奇酒廠對約翰走路調和威士忌的貢獻上！不過，格蘭昆奇酒廠還是充滿品味的，跟愛丁堡華麗、浮誇而膚淺的品牌之家相比，遊客會覺得格蘭昆奇酒廠沒有那麼刻意經營和做作。

當然，現在也有格蘭昆奇酒廠專屬的獨家特別版，不過他們多年來的旗艦裝瓶酒一直是這款清淡、細膩、精緻、帶有青草味的美味12年陳釀，價格四十英鎊以下非常划算，而且它可能是典型的開胃威士忌！各位可以安排一趟遠行，去尋找一款具代表性的低地風格威士忌。品嘗一下這款酒，各位就會明白為什麼調酒師要把它珍藏在身邊這麼久了！

品飲筆記

色澤		**嗅覺**	
味覺		**餘韻**	

47

製造商	起瓦士兄弟有限公司 Chivas Brothers Ltd
酒廠	班夫郡巴林達羅奇村的 格蘭利威酒廠 Glenlivet, Ballindalloch, Banffshire
遊客中心	有
哪裡買	銷售點遍布全球
網址	www.theglenlivet.com
價格	

產地

年分

評鑑

格蘭利威（The Glenlivet）

自然（Nàdurra）

格蘭利威酒廠自稱是根據極其重要的《一八二三年消費稅法案》*32規定，第一批（即使實際上不是第一批）首屈一指獲得許可的酒廠，這實際上是現代蘇格蘭威士忌行業的開端！在它令人印象深刻的遊客中心裡，各位可以了解到更多相關資訊以及該酒廠的迷人歷史，在這裡，各位可以享受到一系列「體驗」活動，收費高達每人三百五十英鎊。

不過假如各位只能選擇一種來品嚐，那就選擇「自然」吧！這款威士忌以一種刻意的舊式風格，為各位帶來純正的威士忌體驗——各位能獲得的最接近感受，是乘坐塔迪斯*33回到一個世紀或更久之前，降落在一座酒窖中，直接從酒桶中品嘗（這是一種行銷快訊*34）「開創這一切的單一麥芽威士忌」！

這種風格的先驅是蘇格蘭麥芽威士忌協會，但第一個以原桶強度提供單桶裝瓶的品牌是格蘭傑，他們推出了開創性的「原生羅斯郡威士忌」（Native Ross-Shire expression）。但令人遺憾的是，這款酒的生命周期很短（實際上，這是我的專案！令人欣慰的是，已故的麥可・傑克遜對它的評價非常高）。

不過，持平來說，格蘭利威酒廠現在對這方面的事情做得盡善盡美，這些酒不是單桶出品，而是推出非常小批次生產的原桶強度版的桶裝強度原酒，目的在透過替代泥煤或陳釀方式，來探索以及展示不同的風味。

濃郁的「自然」版本似乎是標準版本，所以我選擇了這款——不過各位不必同意，可以自由去品嘗「自然」的首次裝填（新的美國白橡木桶）、泥煤威士忌桶（按照標籤上的說明去嘗一下）以及我推薦的這款澳羅洛梭純雪莉桶熟成原酒（Oloroso Matured）。不過還有其他批次可能會在網上拍賣中出現，就像任何小批次產品一樣，它們來來去去。

自然使用赫雷斯的首次裝填澳羅洛梭純雪麗桶，是木材對威士忌產生影響的最佳範例。自然未經冷凍過濾，也沒有添加色素，不會扭曲格蘭利威威士忌獨特的風味。作為一款通常以60%左右酒精濃度裝瓶的威士忌，自然的價格也非常便宜，一瓶標準濃度的威士忌相當於每瓶約四十英鎊。

品飲筆記

色澤 ________ **嗅覺** ________

味覺 ________ **餘韻** ________

48

製造商 
酩悅・軒尼詩一路易・威登集團
Louis Vuitton Moët Hennessy
（LVMH）

酒廠 羅斯郡泰恩市的格蘭傑酒廠
Glenmorangie, Tain, Ross-shire

遊客中心 有

哪裡買 銷售點遍布全球

網址 www.glenmorangie.com

價格 

產地

年分

評鑑

格蘭傑（Glenmorangie）

昆塔盧本（The Quinta Ruban）

我差點就要棄格蘭傑威士忌而去了！主要是因為我被這個極其自我放縱、自命不凡的網站，以及它的《奇妙世界》（*World of Wonder*）宣傳片所吸引，它完全是灑狗血的影片。我瀏覽了幾個頁面，試圖用經典的《偽角落》（*Pseud's Corner*）*35的風格來解釋這部影片（影片中還出現「這部片子跟我們所習慣的威士忌廣告千差萬別」這種可能是無心的吹噓），接下來我就準備要揍人了！我開始氣得牙癢癢地，鬱悶地想，不管這是給誰看的，肯定都給不是威士忌客的——搞不好是給有抱負的年輕的藝術系學生看的。

隨著格蘭傑的所有人酩悅・軒尼詩一路易．威登集團（LVMH）繼續將格蘭傑重新定位為奢侈品牌，常理似乎已經不復存在了！這對個性和消費方式都比較傳統老派的人士來説絕非好消息！更重要的是，這個品牌動不動就推出一大堆特殊產品。散發出異國情調的威士忌，它們有不知如何念起的奇怪蓋爾語名稱更是家常便飯，而且在被新產品取代之前，它們十之八九會先曇花一現！不過，傷腦筋的是，這些酒雖然造成大家的困擾，但通常都相當美味！

不過，也有一些好消息啦——已經有人砸下巨額重金，打造出一個全新的蒸餾設施「燈塔」（The Lighthouse），而有著「蒸餾和威士忌釀造主管」這個冠冕堂皇頭銜的比爾・梁思敦（Bill Lumsden）博士，則將在這座園地裡，繼續他愈來愈多的實驗工作，研究不同的成分和工藝。在這種情況下，一定會有神奇的東西橫空出世——雖然我衷心希望並祈禱格蘭傑酒廠的行銷團隊，能用英語、我們聽得懂的話，向我們解釋這些！

同時，在標準威士忌中，我認為昆塔盧本説不定是最有趣的！早在一九九〇年時，格蘭傑推出了他們的第一款波特風味桶，他們就是開山祖師，首創出在其他酒桶中釀製和熟成威士忌的做法，這種做法如今已經風靡業界、蔚為時尚。那款威士忌很好，而這款威士忌則是改良版——即使不再是原版，但仍然是最好的。自從我上次寫過這款威士忌之後，它的年分又增加了兩年，所以現在是14年陳釀，價格也沒有上漲（至少沒有大幅飆漲）。

在現今世間，這款威士忌確實是一款瓊漿金液啊！

品飲筆記

色澤 ………… 嗅覺 …………

味覺 ………… 餘韻 …………

49

製造商	高地酒廠（被愛丁頓集團收購） Highland Distillers（Edrington Group）
酒廠	奧克尼群島柯克沃爾市的高原騎士酒廠 Highland Park, Kirkwall, Orkney
遊客中心	有
哪裡買	銷售點遍布全球
網址	www.highlandparkwhisky.com
價格	

產地

年分

評鑑

高原騎士（Highland Park）

維京狂潮（Viking Pride）

最近，我在試圖瞭解高地公園的過程中被打敗了！我仍然醉心於這款威士忌和這個地方，但我對它虛假的《權力遊戲》風格的標籤感到百思不得其解！我知道奧克尼郡和維京人有著不可分割的緊密關聯，但我真的不明白這和二十一世紀的蒸餾酒有什麼關係？而且為什麼我們要關心這件事？

令人遺憾的是，這個品牌已經走火入魔，瘋推一款又一款單一品項的威士忌，他們的維京傳奇風暴大行其道——有「維京傷痕」（Viking Scars）、還有「維京榮譽」（Viking Honour）「維京之心」（Viking Heart）「維京部落」（Viking Tribe）「維京狂潮」「女武神」（Valkyrie）「戰神」（Valknut）「英靈之父」（Valfather）「紅紋身」（Twisted Tattoo），再加上「奧丁之角」（Triskelion）（最初是希臘主題，現在已經不重要了！）而且這還沒包括「戰熊」（Spirit of the Bear）「蒼狼」（Loyalty of the Wolf）「雄鷹」（Wings of the Eagle）「挪威海怪克拉肯之怒」（Wrath of the Kraken）和「龍傳奇」（Dragon Legend）呢*36！

不過，儘管如此，這仍然可以說是全世界最好的威士忌（如果天底下真有這種東西！因為我實際上並不聽信「全世界最好的威士忌」這種話），而且這家酒廠摘下的獎項多到我都懶得數了！我只想說：「這款酒真是好到不行啊！」

這家酒廠頗自命不凡地提到了酒廠的「五大基石」，這個說法，與任何一個有自尊心的人所做出的推銷話術極為相似！但請耐心聽我說，在這條維京長船上談到的包括傳統的手工舖地發芽、芳香泥煤、低溫熟成、雪莉橡木桶以及仔細輪換酒桶。

其實，這不僅僅是公關花招，他們在二〇年代時，就已經在做這些事了，只是沒有大肆宣揚而已。因此，在高原騎士酒廠，各位可以從一家蘇格蘭民營公司獲得風格非常傳統的威士忌，它裝在一個時髦、現代的瓶子裡，隨著各位和這款威士忌消磨在一起的時間愈多，它就會變得愈來愈好（「它」是指威士忌，而不是瓶子，瓶子已經險些讓我變成一個狂戰士了⋯⋯）。

最後，它來自奧克尼群島，那是一系列島嶼，由堤道、渡輪和飛機連接起來。島上古老的紀念碑星羅棋布，也是繁榮的手工藝社區的所在地，事實上，這個地方非常接近英靈殿（Valhalla）。

品飲筆記

色澤 ________ **嗅覺** ________

味覺 ________ **餘韻** ________

50

製造商	圖特爾烈酒（被格蘭菲迪酒廠收購） Tuthilltown Spirits（William Grant & Sons Distillers Ltd）
酒廠	紐約州加德納市圖特爾烈酒的哈德森酒廠 Hudson, Tuthilltown, Gardiner, New York State
遊客中心	有
哪裡買	專賣店
網址	www.hudsonwhiskey.com
價格	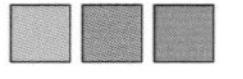

產地

年分

評鑑

紐約哈德森（Hudson Whiskey NY）

純波本威士忌（Bright Lights, Big Bourbon）

與舉不勝舉的美國同類酒廠一樣，哈德森酒廠現在隸屬於一個更大的集團——蘇格蘭的格蘭菲迪酒廠。不過，在十五年前，他們的出現在精釀手工蒸餾酒界還引起了不小的轟動！哈德森酒廠的曼哈頓裸麥酒是當時雞尾酒吧最熱門的產品，時髦的調酒師爭相購買這種獨特、矮胖的37.5升裝裸麥酒。對於一家二〇〇六年才開始蒸餾威士忌的小企業來說，這瓶酒在英國的售價約為一百英鎊，定價相當昂貴，但卻立刻橫掃了數不勝數的頂級獎項！

諷刺的是，最初的計劃是在一個舊農場的舊址上建立一個攀岩中心，這一計畫遭到了當地人的強烈反對，但令鄰里遊說團體懊惱的是，事實證明，一個建立在農業上的專案是無法被拒於門外的——於是，紐約州自禁酒令頒布以來的第一個建造釀酒廠的想法誕生了，隨後，這個想法激勵了眾多人士如法炮製，光在美國就有超過二千三百家小型酒廠在運作。

哈德森酒廠很快就開發出純波本威士忌，現在則重新命名，試圖（我猜的）向魅力十足的紐約市看齊，並把自己稱為「光芒萬丈大波本威士忌」，曼哈頓裸麥威士忌現在叫「做裸麥的事」（Do The Rye Thing）（做正確的事？罪不在我喔），還有一款威士忌叫「幕後交易」（Back Room Deal）（什麼交易？別問我啦），這種酒主要在美國銷售，但隨著生產能力的擴大，我們希望這種情況會改變——目前，各位在英國最好的選擇是追蹤剩下的原瓶酒。

格蘭菲迪酒廠二〇一〇年收購了哈德森威士忌品牌，而且在二〇一七年四月全面接管，擴大了生產規模，產量的增加代表哈德森開始以標準尺寸瓶裝供應，持平來說，價格也跟著有所下降。

哈德森酒廠本身位於美麗的哈德遜山谷，參觀起來令人心曠神怡，尤其是它代表了美國精釀蒸餾酒的重大突破時刻。如果能品嘗到該酒廠獨有的半月果園琴酒和蘋果伏特加，那麼從紐約（大蘋果）來這裡一趟也是值得的！

品飲筆記

色澤 .... 嗅覺 ....

味覺 .... 餘韻 ....

51

製造商	英奇戴尼酒廠有限公司 InchDairnie Distillery Ltd
酒廠	法夫郡格倫羅西斯鎮的 英奇戴尼酒廠 InchDairnie, Glenrothes, Fife
遊客中心	無
哪裡買	專賣店
網址	www.inchdairniedistillery.com
價格	

產地

年分

評鑑

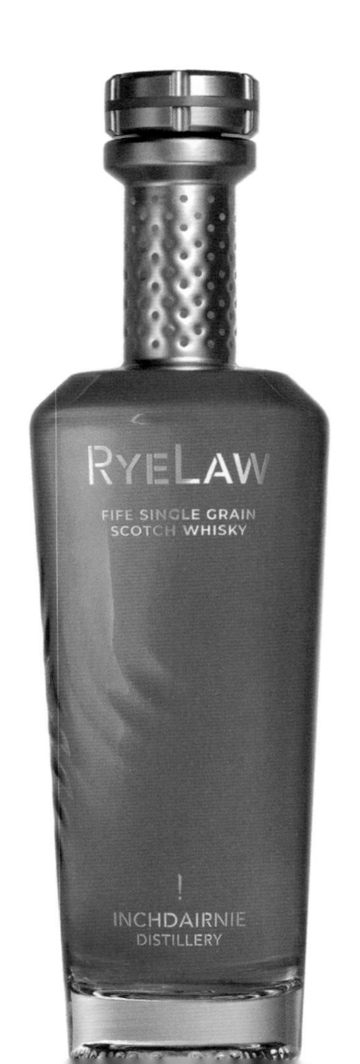

英奇戴尼（InchDairnie）

黑炫峰（RyeLaw）

這是各位可能想參觀但又不能參觀的最有趣酒廠之一！考慮到英奇戴尼酒廠全心投入在創新生產上，而且該酒廠的位置明顯遠離觀光主路線，所以他們沒有開設遊客中心。但大家可別放棄希望啊！正如英奇戴尼酒廠在自家網站上宣布的：「我們將來可能會偶爾舉辦特別參觀活動，所以請大家持續關注！只要對威士忌真正感興趣，這即是一次富有新意的參觀活動！另外，大家也可以購買一桶威士忌，但每年限量三十桶，所以動作要快喔！」

英奇戴尼酒廠可能正代表著威士忌的未來（至少是未來中非常重要的一環），不過他們也回顧了歷史，特別是《一九〇八～九年皇家委員會關於威士忌和其他飲用烈酒的報告》，其中記錄了這些酒在首次推出時，使用裸麥和大麥蒸餾的情況。這款威士忌的名字是黑炫峰，是使用當地種植的麥芽裸麥釀造的單一穀物蘇格蘭威士忌。它並不是蘇格蘭唯一的裸麥威士忌（另請參閱阿爾比奇酒廠——第4款威士忌），但在如此技術先進的酒廠中使用這種穀物，使這家酒廠脱穎而出。

這家酒廠有什麼先進之處呢？它是從零開始設計和建造的，在運作效率、節能和威士忌風味方面都達到了嶄新的水準！總經理伊恩．帕爾默（Ian Palmer）是工程師兼釀酒師，他歷來的戰果輝煌，而且在這裡打造出一間非常別出心裁的威士忌釀酒廠——有一個麥汁過濾器（這是蘇格蘭僅有的第兩臺，不過，非常適合處理裸麥），蒸餾器上有兩個冷凝器，一個重新設計的羅門式蒸餾器，當然還有一個獨特的酵母菌株。

之後我們可以期待金格拉西（KinGlassie，泥煤風格，限量推出）和最後的英奇戴尼單一麥芽威士忌，但只有在它們準備就緒時才會上市，這裡的一切都不會倉促行事，只有經過精心策劃以及一絲不苟的態度。

品飲筆記

色澤 ………… **嗅覺** …………

味覺 ………… **餘韻** …………

52

製造商	湯姆森威士忌有限公司 J. G. Thomson & Co. Ltd 未公開
酒廠	蘇格蘭麥芽威士忌協會， 位於利斯區的酒窖
遊客中心	Scotch Malt Whisky Society, The Vaults, Leith （SMWS members only）
哪裡買	專賣店
網址	www.igthomson.com
價格	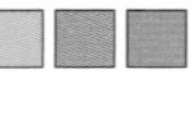

產地

年分

評鑑

湯姆森威士忌（J. G. Thomson）

調和麥芽威士忌（Blended Malt Range）

對於我們這些有著深刻記憶或對威士忌歷史感興趣的人來說，湯姆森威士忌有限公司是一個名聲響亮的公司。該公司一七八五年在繁華的利斯港成立，是一家著名的葡萄酒和烈酒貿易商公司，在兩次世界大戰之間，該公司發展業務，成為英國首屈一指頂尖的獨立威士忌調配商。然而，他們無力抵禦英國飲料產業的整合，到了一九六〇年代，被併入後來的巴斯公司（Bass，當時是一家啤酒釀造商）。最後，業務逐漸萎縮，這家公司實際上也消失。

時間快轉了幾年，在經歷了幾番磨難之後，蘇格蘭麥芽威士忌協會已發展成為手工烈酒公司（The Artisanal Spirits Company），這是一家在英國另類投資市場（Alternative Investment Market，簡稱AIM）上市的小型企業，重振了湯姆森威士忌有限公司品牌。該公司的目標是向更廣泛的市場推出一系列「精釀手工烈酒」，而不僅僅局限於蘇格蘭麥芽威士忌協會的會員。這群有威士忌魂的熱血分子熱情地探索麥芽威士忌的細微差別，他們一心一意的執著奉獻精神，甚至令最熱情的鐵道學家*37都感到自慚形穢，而且可能還會在一提到三種調和麥芽威士忌（簡單地標示成「甜味」「煙燻味」和「濃郁味」）時，紛紛表示震驚以及相當不贊同地踉蹌後退！

然而，並非全世界都對最純粹的威士忌懷著丹心碧血！因此，跟格蘭菲迪酒廠的艾爾史東系列（本書的第2款威士忌）一樣，這三款威士忌的設計目標可能是吸引那些希望擺脫超市調和酒的威士忌消費者，他們準備探索平價、小批次生產、色澤自然、未經冷凍過濾、酒精濃度為46%的威士忌酒的樂趣。顯然，這阻礙了年輕人對威士忌的探索。

湯姆森威士忌有限公司指出，他們的目標是「帶領世人踏上探索之旅」，對此，我深表贊同！他們也將開發出品質和價值，這三點我都喜歡！

品飲筆記

色澤 .... 嗅覺 ....

味覺 .... 餘韻 ....

53

製造商	科比烈酒與葡萄酒有限公司 Corby Spirit and Wine Ltd
酒廠	安大略省溫莎市海勒姆・沃克 Hiram Walker, Windsor, Ontario
遊客中心	有
哪裡買	專賣店
網址	www.jpwisers.com
價格	

產地

年分

評鑑

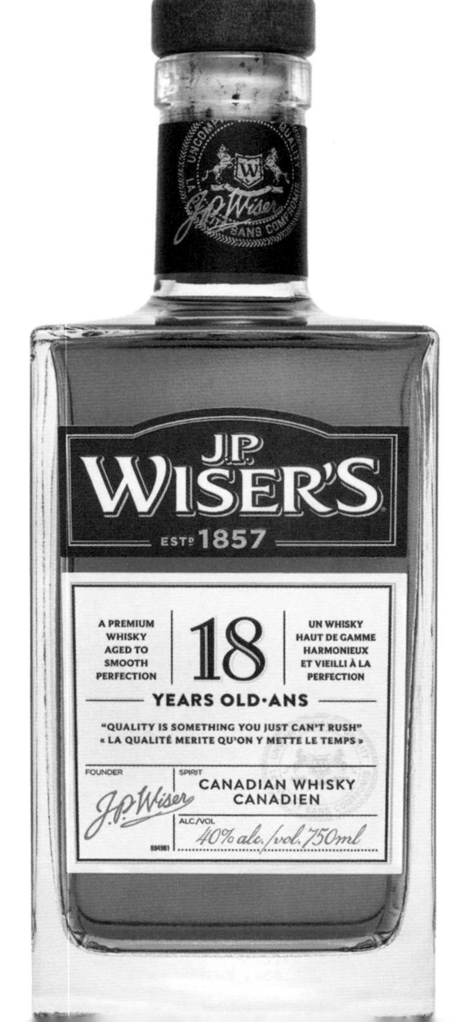

J. P.懷瑟（J. P. Wiser's）

18年陳釀（18 Years Old）

我把這款威士忌放進上一版書的榜單裡時，確實想知道它是否不太好，不能持續下去，但是……在撰寫本書時，這款小玩意兒的售價仍然不到五十英鎊。不過，顯然有些人已經注意到了！我很喜歡麥芽大師網站上的這篇匿名評論：「感謝上帝，有那些對調和麥芽看不上眼又愛喝麥芽威士忌的勢利傢伙！」這款酒已有十八年歷史，而且跟單一麥芽威士忌相比，價錢不貴，它還具有豐富的多樣性和果香，這個價格真是便宜到像不用錢！

這是早於收藏和「投資」熱潮之前的威士忌定價，那時像我這樣脾氣暴躁的老傢伙，還真有能力在不鬧家庭革命的情況下，嘗試購買瓶裝的。要是各位還記得那段光輝歲月，說不定會淒苦地嘴角上揚一下吧！但假如各位並沒有印象，大可直接憎惡我那令人難以忍受的自鳴得意，數落我是標準的胡說八道！

它來自加拿大，全世界都知道加拿大沒有像樣的威士忌。但是，請各位重新調整自己對加拿大威士忌的看法吧！因為事實上，全世界都錯了！在這裡會發現到有一些非常不錯的威士忌喔！

一些小型精釀手工蒸餾酒廠的欣欣向榮，促使科比等大型經營酒商展示了他們更有趣、更複雜、更有價值的烈酒，他們在標籤上說：「品質是急不來的！」雖然這句話有點像母親的話語，但其中蘊含的真理卻昭然若揭。須要說明的是，這款酒的年分為18年。

因此，像這樣的威士忌展示了加拿大生產的威士忌令人意想不到的品質和價值。好吧，只有在各位沒有充分關注威士忌這個更廣闊的世界時，這才是真正令人感到不可思議的，但我要坦率地承認，它們讓我重新思考了一些事情。

但是，縱使再考慮一下，我還是會很快下訂單——各位不如加一瓶他們的奢想系列（Rare Cask Series Dissertation），或者為了慶祝七月一日加拿大國慶日而來點美味的吧（它的酒精濃度43.4%，價格低於三十五英鎊）！這些正是加拿大皇家騎警隊員的命令喔！

品飲筆記

色澤 .... **嗅覺** ....

味覺 .... **餘韻** ....

54

製造商	愛爾蘭酒廠有限公司（保樂力加旗下公司） Irish Distillers Ltd（Pernod Ricard）
酒廠	科克郡米德爾頓酒廠 Midleton, County Cork
遊客中心	有
哪裡買	專賣店
網址	www.jamesonwhiskey.com
價格	

產地

年分

評鑑

尊美醇（Jameson）

18年陳釀（18 Years）

延續上一版書，繼續把這款酒放在榜單中，但自二〇一六年以來，它的價格「一路飛漲」！好吧，我希望各位能買幾瓶，因為從才不到一百英鎊到現在，這款酒的價格將超過一百五十英鎊〔鮑德街（Bow Street）原桶強度版的價格更高〕，成為這本書裡名列前茅最昂貴的威士忌之一！

「限量珍藏」的稱號已經被撤掉，當然，他們也重新包裝了這款威士忌，現在各位會拿到一個精巧的新包裝盒和標籤。而且，說句公道話，這款酒的酒精濃度已經提升到46%，口感更醇厚、更圓潤、更順滑，複雜而令人滿意的味道在餘韻悠長的餘味中始終保持一致。

因此，在權衡利弊之後，我不得不讓這款威士忌過關！在這款酒推出時，我和已故的巴瑞克羅克特（Barry Crockett）一起品嘗了這款威士忌，他是愛爾蘭酒廠有限公司的榮譽蒸餾大師，雖然已經正式退休，但仍時不時會被邀請合作釀制稀有的超級特級酒，是首屈一指的愛爾蘭威士忌大家。

這款威士忌立刻席捲了眾多重要獎項，這證明它並非曇花一現。這款威士忌混合使用了前波本酒桶和雪利酒桶，接下來在首次裝填的前波本酒桶中過桶熟成，其中可能有一些陳年的烈酒。這款酒成熟度極高，在任何方面都絲毫沒有呈現出過度木質或老掉牙的跡象。依我看來，額外的酒精真的讓這款酒變得更完美。

由於米德爾頓酒廠以及實驗性Method and Madness（米道爾頓酒廠的調酒師以及團隊推出的品牌）工廠的規模和多功能性，這裡可以生產各式各樣風格的威士忌，這是尊美醇威士忌更多系列中的一部分。我認為在權衡利害之後，我們應該欣賞它們近年來的覺醒，在愛爾蘭威士忌早該實現的復興中扮演了領頭羊的角色。

但請注意，米德爾頓酒廠剛剛宣布耗資一千三百萬歐元升級改造遊客中心，並將於二〇二五年為慶祝酒廠成立兩百週年而開放。很不錯。猜猜他們如何支付這筆費用？

品飲筆記

色澤 .... **嗅覺** ....

味覺 .... **餘韻** ....

55

製造商	肯塔基工匠 （保樂力加旗下公司） Kentucky Artisan（Pernod Ricard）
酒廠	肯塔基州克雷斯特伍德市的 肯塔基工匠酒廠 Kentucky Artisan, Crestwood, Kentucky
遊客中心	有
哪裡買	專賣店
網址	www.jeffersonsbourbon.com
價格	

產地

年分

評鑑

傑佛遜（Jefferson's）

極常小批量（Very Small Batch）

傑佛遜酒莊由切特・佐勒（Chet Zoeller，一位受人尊敬的作家和禁酒令前波本威士忌收藏家）和他的兒子特雷（Trey）於一九九八年創立，與當時的許多類似企業一樣，他們透過打聽找到小塊部分土地而創辦了這家公司。

正如老佐勒在他的網站（bourbonkentucky.net）上回憶道：「我很想告訴大家，波本威士忌界展開雙臂熱烈歡迎我們的加入，但我不能。在最初的幾個月裡，幾個較大的競爭對手與我們聯繫，建議我們改變包裝或其他東西。」

然而，他們的做法獲得渴望品嘗優質烈酒的消費者肯定！傑佛遜公司由特雷一人掌舵，銷售額不斷增長，並於二〇〇六年底賣掉了公司。此後，這家公司再次易手，現在成為保樂力加全球帝國的一部分，但除了印刷小字體的無聊法律條文外，要找到相關的同意內容，必須仔細查看他們的網站才行。

然而，執行長特雷仍然在這裡，努力為傑佛遜公司尋找桶裝庫存，並進行一些聽起來很吸引人的實驗，其中包括在海上陳釀的「海洋（Ocean）」威士忌。之後，海洋威士忌會沿著俄亥俄河和密西西比河，從路易維爾或路易斯維爾市航行到新奧爾良市，繼續前往基韋斯特市與島嶼，最後到達紐約——當然，這是過去會採取的做法。顯然，業界對海洋威士忌有一些反對的抵制聲音，聲稱它不是「真正的」波本威士忌！不過，除了最老派的反對黨之外，它的口感足以讓所有人信服！

因此，如今有林林總總實驗性的傑佛遜波本威士忌，包括幾種過桶威士忌和一種裸麥威士忌，但各位最容易找到的——至少在歐洲——是極小批量，這是他們價格非常合理但十足美味的入門級產品，應該可以長期供應——雖然由於傑佛遜公司被保樂力加收購，供應似乎不穩定，標籤也可能會更換。不過，想買到更具實驗性的瓶裝威士忌（數量勢必有限，而且產品生命週期不長也很常見），說不定有須要跑一趟美國。

品飲筆記

色澤 .... **嗅覺** ....

味覺 .... **餘韻** ....

56

製造商	帝亞吉歐集團 Diageo
酒廠	不適用，這是一款調和威士忌，但「品牌之家」是位於斯佩塞區的卡杜（Cardhu）酒廠
遊客中心	愛丁堡市王子街的約翰走路會館 The Johnnie Walker Experience, Princes Street, Edinburgh
哪裡買	銷售點遍布全球
網址	www.johnniewalker.com
價格	

產地

年分

評鑑

約翰走路（Johnnie Walker）

黑牌（Black Label）

這又是一款從第一版書裡倖存下來，也是為數不多的威士忌之一，儘管我其實並不太喜歡它的煙燻味。不過，在我的印象中，近年來煙燻味已經變淡了，所以對它的印象愈來愈深刻了！而且，無論如何，有時我不得不打醒我自己，並且記住不是每個人都能啜飲到我能暢飲的那些稀有、奢華和優雅的威士忌。對於全世界大部分的人來說，一瓶約翰走路黑牌就是他們所能接觸到的最尊貴、最奢華的品牌。它是時尚、風格、精緻和品味的縮影。

可以肯定的是，售價低於三十英鎊的它看起來非常划算，尤其是在該品牌更高級的產品售價會超過二萬英鎊的情況下——順便說一下，這個價錢是指一瓶的標價啊！

這款黑標調和威士忌可以追溯到亞歷山大・華克（Alexander Walker）在一八六七年推出的「老高地威士忌」（Old Highland Whisky），它裝在獨特的方形酒瓶裡，並帶有傾斜的黑金色標籤。事實證明，方形瓶對出口銷售來說是天大的福音。瓶子的形狀使其可以在任何已經安排好的的空間塞得更多的酒瓶，並降低運輸成本。如此簡單的事情造就了傳奇。

但對這款威士忌來說，還不僅僅是巧妙的包裝那麼簡單而已，這款黑標榮登經典聖殿，不僅僅是因為它在許多市場上是富裕和地位的象徵，而且因為對許多人來說，它是優質調和酒的標竿。黑牌的首席調配老將且獲頒最優秀的大英帝國勳章官佐勳章的吉姆・貝弗瑞奇（Jim Beveridge OBE）於二〇二一年底退休，將「邁步向前（keep walking）」的重任交棒給艾瑪・沃克博士（Dr Emma Walker）。愈來愈多的女性開始擔任這些頂級調和調酒師的職位，而從剛剛開始的表現來看，她會是箇中翹楚！

除了在該品牌的四個主要單一麥芽酒廠打造遊客設施外，約翰走路的所有人帝亞吉歐公司最近還斥資一・五億英鎊，在愛丁堡王子街的一家舊百貨公司裡設置約翰走路體驗館，整個手法讓人聯想到美國的主題公園，不過要是各位酷愛高球雞尾酒和亮閃閃的東西，搞不好會在這裡流連忘返！

品飲筆記

色澤 ……… **嗅覺** ………

味覺 ……… **餘韻** ………

57

製造商	懷特麥凱集團（母公司為菲律賓皇勝集團） Whyte & Mackay（Emperador）
酒廠	侏羅島克雷格豪斯村的吉拉酒廠 Jura, Craighouse, Isle of Jura
遊客中心	有
哪裡買	專賣店
網址	www.jurawhisky.com
價格	

產地

年分

評鑑

吉拉（Jura）

18年陳釀（Aged 18 Years）

各位一定會熱愛吉拉酒廠！好吧，無論如何，我們一會兒會來講一下威士忌。

還有哪裡的野生動物以二十五與一之比在數量上超過了人類？各位還能去哪裡放火燒掉一百萬英鎊現金呢？要是各位像喬治．奧威爾（George Orwell）一樣，在創作二十世紀首屈一指最偉大的英國小說時，須要「不被人發現」，那麼各位還能藏身到哪裡去呢？各位還會在哪裡大手筆揮霍五千五百萬英鎊買下一座私人高爾夫球場？

直到最近，這家酒廠才真正沒有受到它附近的地區，或實際上附近艾雷島重泥煤龐然大物的掣肘。吉拉威士忌雖然沒那麼惹人反感，但它的口感卻平淡無奇，不過，這一切都改變了，我們早該開始重新評價吉拉單一麥芽威士忌！由於將所有存貨重新上架（這是一項規模宏大且花費頗高的工程），接下來再使用一系列不同於一般的優質酒桶來供應令人興奮的新款威士忌，因此吉拉威士忌出現了一百八十度大轉變！

二〇一四年發生的擁有權變更也有加分效果——這家釀酒公司現在隸屬於皇勝集團帝國（他們的總部位於菲律賓，如果本來就知道，就請接受這點），在品牌和酒廠方面都進行了一些富有想像力的長期投資。

這款美味的18年陳釀威士忌，在美國白橡木前波本酒桶中熟成，並在一等特級酒莊波爾多橡木桶中賦予它豐富的口感，為吉拉特調（Signature）系列威士忌加冕。懷特麥凱集團熱情洋溢的傳奇釀酒師、且獲頒最優秀的大英帝國勳章官佐勳章的理查・派特森（Richard Paterson OBE）已調配出一些非凡的橡木桶。作為自己畢生的事業，他在過去十年中推出的一系列威士忌讓他蜚聲中外。

這家以前名不見經傳的酒廠，現在生產出經過高度改良的威士忌，這說明它現在是一個非常物美價廉威士忌的出處集散地，我擔心這種情況不會持續太久，所以趁現在還能買到它們，大家快下手吧（要向喬治．奧威爾道歉）！

不過呢，現在應該要公布囉！因為在上一版書裡，我在文中提到：「這款威士忌售價不到七十五英鎊，以它的年分和品質來說，這個價格絕不容小覷！」萬萬沒想到，就在我寫這本書時，各位只須支付六十多英鎊，就能買到這款威士忌！我知道這很難讓人相信——這幾乎是一九八四年的定價啊！

品飲筆記

色澤 ………… **嗅覺** …………

味覺 ………… **餘韻** …………

58

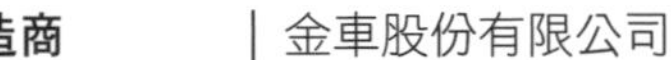

製造商	金車股份有限公司 King Car Corporation
酒廠	宜蘭縣員山鄉金車噶瑪蘭威士忌酒廠
遊客中心	有
哪裡買	愈來愈普遍（在臺灣能簡單購入）
網址	www.kavalanwhisky.com
價格	

產地

年分

評鑑

金車噶瑪蘭威士忌

噶瑪蘭珍選

建議那些討人厭的威士忌「投資」社群，現在絕對是時候去收藏一些金車噶瑪蘭威士忌酒廠早期推出的威士忌囉～做這件事，讓我比各位想像中的還要痛苦一百倍啊！金車噶瑪蘭威士忌的價格已經在上揚，不過假如各位是膽小鬼，對不斷上漲的電子試算表感到激動不已，那麼倒不如去採買一些他們的噶瑪蘭經典獨奏（Solist）系列的酒吧！接下來，各位會很難為情地低下頭，因為金車噶瑪蘭威士忌絕對是會讓人迫切須要痛飲到一醉方休的威士忌——儘管我們始終可以在各位清醒時上酒！

一段時間以來，我一直偏愛他們美味的噶瑪蘭山川首席風味桶（Concertmaster），這是一款令人愉悅而且時尚的波特風味桶，不過，在他們的產品中，沒有什麼是各位不能放心購買而且保證百喝不膩的（各位看到重點了嗎？）這款精選蒸餾酒是他們的入門級產品，雖然價格略高於五十英鎊，但並不是平價的，而且我確實希望他們能把酒精濃度提高一點——我很想試試這款威士忌是有43%或46%酒精濃度的。

儘管該酒廠二〇〇五年才開業，直到二〇〇八年才推出威士忌，他們的品質還是不同凡響的！除了公司董事長李添財的大膽願景（他意識到了在臺灣釀造優質威士忌的契機）之外，該酒廠的光景主要歸功於兩個人，一是馳名中外的吉姆．斯萬博士（Dr Jim Swan，於二〇一七年二月去世），他是該酒廠第一任經理，另外是斯萬的得意門生張郁嵐。張郁嵐現已辭去職務，經營他自己的顧問公司，並在日本領導主持一支蒸餾酒團隊，不過他們共同留下了一分偉大的遺產。這款世界級的威士忌清楚地讓世人看到，蘇格蘭和肯塔基州的威士忌現在棋逢敵手了！

如今的金車噶瑪蘭威士忌酒廠是一支氣勢如虹的獎座收割機！他們的遊客中心一定被他們累積的獎項重量壓得受不了啦！就在我寫這本書時，他們的遊客中心正在慶祝二〇二一年獲得的一百多枚金牌和十項威士忌產業最高榮譽，他們最後是在國際葡萄酒暨烈酒競賽中第三次榮獲全球威士忌生產商獎盃，要是各位還沒有買過金車噶瑪蘭威士忌，趕快搬一些回家吧！

品飲筆記

色澤 .... **嗅覺** ....

味覺 .... **餘韻** ....

59

製造商	齊侯門蒸餾廠 Kilchoman Distillery Co. Ltd
酒廠	艾雷島的齊侯門酒廠 Kilchoman, Islay
遊客中心	有
哪裡買	專賣店
網址	www.kilchomandistillery.com
價格	

產地

年分

評鑑

齊侯門（Kilchoman）

塞內（Sanaig）

假如我們排除非法生產的私釀酒（當然，這種情況永遠不會再發生了，或者即使發生了，也是在一些無生氣的工業區，這種地方會生產不夠精彩而且很可能很危險的山寨版伏特加），*38好吧，只排除掉一部分，因為這可能是我們能拿到手、最接近「傳統」蒸餾法的威士忌酒了，從規模的角度來看，劉易斯島（Lewis）上的紅河（Abhainn Dearg）酒廠可能是一個選擇，不過齊侯門酒廠是蘇格蘭長時間以來建造的第一家農場釀酒廠，也是艾雷島一百二十四年來前所未有的第一家酒廠。雖然現在艾雷島本身已經提出了幾個類似的專案，而且不用説，還有更多的專案在許多不同的國家裡實際營運，不過齊侯門酒廠是開山鼻祖，假若沒有其他原因，它也值得尊重與支持。

在跟威士忌難分難捨的安東尼．威爾斯（Anthony Wills）的願景下，齊侯門酒廠於二〇〇五年開始蒸餾，並於二〇〇九年推出了他們的第一款威士忌——這是滿載了真誠情感的一天，尤其是值得尊敬的威爾斯先生，他克服重重關卡後實現了自己的夢想，該酒廠使用的所有大麥，都是在自家酒廠的農場生長出來的，他們有手工鋪地發芽，所有產品都在艾雷島熟成，過桶威士忌則在艾雷島裝瓶。事實上，齊侯門酒廠現在能夠提供一款限量版百分之百艾雷島威士忌，他們驕傲地宣布，這款威士忌成品的種植、發芽、蒸餾、熟成和裝瓶都沒有離開過他們的園址！

然而，這類珍品的供應量必然有限，因此我轉而選擇了塞內。跟齊侯門酒廠許多威士忌不一樣的是，它可以長期持續甚至永久供應，而且以當今「精釀手工」酒廠的標準來看，它的價格也非常實惠！

齊侯門酒廠是以他們酒廠西北部的一個岩石水灣命名，雪利酒桶陳釀〔主要是陳年的澳羅洛梭重組桶（hogshead）〕為這款威士忌增添了深度和力量，同時還有一些柔和的泥煤氣息和甜美的柑橘味。各位一定要設法去造訪這間酒廠。在馬齊爾灣的海灘上漫步，拎著威士忌酒，觀賞海面浪濤澎湃，微風輕拂髮絲，沒有比這更愜意的事了！

品飲筆記

色澤	....	**嗅覺**	....
味覺	....	**餘韻**	....

60

製造商	帝夢烈酒生產商有限公司 Kingsbarns Company of Distillers Ltd
酒廠	聖安德魯斯大鎮附近的帝夢酒廠 Kingsbarns, nr St Andrews, Fife
遊客中心	有
哪裡買	專賣店
網址	www.kingsbarnsdistillery.com
價格	

產地

年分

評鑑

帝夢（Kingsbarns）

波本單一麥芽威士忌（Dream to Dram）

哎呀，這是我又會錯意的一件事啦！其實是部分搞混而已！因為我當初是以懷疑的眼光看待它的最初計劃，但它從未付諸實踐。這個點子最初是由聖安德魯斯大鎮裡某位熱愛威士忌的高爾夫球童提出的，構想是在一個沒有最近威士忌傳統的地區裡，在一些舊農場建築（幾乎廢棄，但被列入文物保護範圍，因此修復成本貴翻了天！）中建造一座酒廠，在一位來自塔斯曼尼亞（Tasmania）的小夥子的指導下，使用了電燃式的澳州設備，當然，所有這一切都須要動員群眾募資。

很難想像為什麼這個計劃懸而未決，但隨著威士忌熱潮的興起，一項可行的提案應運而生，並被獨領風騷的獨立裝瓶商「威姆斯威士忌酒廠」（Wemyss Malts）背後的經營團隊積極採納。威姆斯威士忌酒廠的所有人是多金的當地大地主〔他們家族自一三〇〇年代起就居住在附近的威姆斯城堡（Wemyss Castle）〕，而他們正在考慮購買一家沒有營運的酒廠。

威姆斯威士忌酒廠準備在自家門口興建酒廠，於是接手了這個專案，並聘請了兩位最精明、最有經驗的蒸餾威士忌顧問——已故的吉姆．斯萬博士和伊恩．帕爾默（各位可以在第51款的英奇戴尼酒廠中，了解更多資訊）。他們創建了一個規模不大又精緻高雅的小型酒廠，目的在釀造清淡而複雜的低地單一麥芽威士忌。他們在二〇一五年三月開始蒸餾酒，二〇一八年底推出了第一款單一麥芽酒——「帝夢單一麥芽威士忌」（Dream to Dram）。

他們使用貨真價實的本地大麥，慢條斯理又小心謹慎地進行蒸餾，並在吉姆．斯萬一開始就選好的最高品質的酒桶中陳釀，然後以健康的46%酒精濃度裝瓶，未添加色素或冷濾過濾。雖然酒味清淡、果香濃郁，但我相信它可以完美陳釀，一如最近的姊妹品牌帝夢古城雪莉桶原酒（Balconie）所證明的那樣！這是一款5年陳釀、口味較濃郁的雪莉桶熟成威士忌。此外，還有每年限量發售的高酒精濃度「帝夢創建會員典藏組」（Family Reserve）以及少量單桶威士忌裝瓶酒。

帝夢酒廠有迷人的遊客中心，加上琴酒釀造廠以及矢志堅持、長期奉獻的經營家族所有人，這一切都註定了帝夢酒廠會日久天長、擁有錦繡前程！威姆斯威士忌酒廠的信心和規劃願景都值得獲得長遠的成功！

品飲筆記

色澤	....	**嗅覺**	....
味覺	....	**餘韻**	....

61

製造商	芬蘭庫拉酒廠有限公司 Kyrö Distillery GmbH
酒廠	波赫揚馬區伊索屈勒市 Isokyrö, Ostrobothnia
遊客中心	有
哪裡買	專賣店
網址	www.kyrodistillery.com
價格	 

產地

年分

評鑑

庫拉（Kyrö）

單一裸麥威士忌（Malt Rye）

撇除最近似乎已不再受人青睞的諾基亞手機，芬蘭最近仍出了不少佳作！尤其是對美酒佳釀興致盎然的酒鬼來說更是如此！

庫拉酒廠公司是近期——在二〇一四年——由五位朋友在三溫暖裡創立的，說不定他們得獎無數的琴酒讓這家公司更為人所知！從他們的網站和影片來看，他們似乎有點對脫掉自己的裝備上癮了！但這只是在談到這個相對起來籍籍無名，而且我們不曾深入鑽研過的國家時會搬出來的老掉牙觀點、一種令人驚奇的奇想妙談而已！順便提一下，想要更聰明地推翻這些形容芬蘭的老哏，不妨觀賞一下發表這款威士忌的相關影片——主要是那位一臉大鬍子的裸體哥〔實際上本尊是庫拉聯合創始人米卡．利皮艾寧（Miika Lipiäinen）〕讓人想起了「古怪的裸體印第安人」（Weird Naked Indian）。在短短的兩分半鐘裡，影片中幾乎塞進了所有已知的關於芬蘭的陳詞濫調，同時還想方設法讓他們的所有產品一齊同框亮相！不過，由於他們的產品非常優良，影片也相當有趣，還是不要太苛責他們了！儘管它顛覆了給我們安慰感的芬蘭人都是沉默寡言、內向的那種迷思*39。

進入歐盟後，芬蘭的蒸餾酒業放鬆了管制，在過去二十年裡突飛猛進。現在，在勒明蓋寧（Lemminkäinen，芬蘭神話人物）的土地上，出現了令人印象深刻的產品！這款酒小而美以47.2%的酒精濃度裝瓶，採用百分之百芬蘭全麥裸麥釀制，然後在新的美國橡木桶中熟化。要是各位認為芬蘭永遠被黑暗籠罩，到處都是陰沉沉的樺木林（雖然確實有點是這樣），那各位可能很難相信芬蘭種植了大量優質黑麥和大麥。因此，即使芬蘭政府仍然在控制所有烈酒的零售，當地的稅收高得令人望而卻步，釀酒和蒸餾業卻依舊如雨後春筍般興起。

讓人嘆為觀止、有如繞口令般的芬蘭語kalsarikännit翻譯過來的意思是「穿著內褲在家裏喝得酩酊大醉，什麼也不想做」，各位甚至不須要有三溫暖就能辦得到喔！

品飲筆記

色澤 ………… 嗅覺 …………

味覺 ………… 餘韻 …………

62

製造商　拉馬邑 La Martiniquaise

酒廠　不適用，這是一款調和威士忌

遊客中心　沒有，儘管格蘭莫雷有遊客中心

哪裡買　英國部分超市可以買到，在法國則是普遍販售中

網址　www.label-5.com

價格　

產地

年分

評鑑

雷伯五號（Label 5）

經典黑（Classic Black）

之前我寫了這篇文章，結果在社群媒體上被一些人出征——但現在這篇文章又重出江湖了，因為在尋找便宜好貨的威士忌時，很難忽視這款來自法國超市貨架的老牌威士忌，在英國偶爾也能發現到它的蹤影。事實上，無論那些自以為懂威士忌而且很了不起的勢利眼是否聽說過它，雷伯五號都是世界上首屈一指最暢銷的十大蘇格蘭威士忌，年銷量超過二百五十萬箱！不少知名品牌都對此羨慕不已！

當然，這不一定代表它有多好，而且我並不是說外面沒有「更好」的威士忌，但它價格佛心，十五英鎊一瓶的價格讓人無法抗拒！這款威士忌由法國拉馬邑公司生產，該公司一九六九年推出了這款酒，雖然他們可能不是一個家喻戶曉的名字，但自一九三四年以來，這個創始家族已經建立了法國第二大烈酒集團，銷售額超過十億歐元，擁有一千六百多位員工，同時還保持著自己的獨立地位，這是令人印象深刻的事！

他們在蘇格蘭豪擲巨資，於二〇〇四年在巴斯蓋特（Bathgate）附近開設了一家先進的穀物酒廠，經營調和與裝瓶業務，後來收購並擴建了格蘭莫雷酒廠（請參閱第37款），最近又搶購了順風（請參閱第25款），並且正在積極重新啟動該品牌。雷伯五號網站內容清楚、一目了然，易於瀏覽，且包含有關蘇格蘭威士忌與調和的簡單指南。

我對威士忌雞尾酒有特殊喜好，我認為假如想讓威士忌展現出它優異的品質，大可使用自己能負擔得起的最好的威士忌，這一點準沒錯！但其他人則傾向於使用低調一些的威士忌，威士忌雞尾酒一族可能會不以為然，我也不指望能在最時髦的雞尾酒店裡找到這款威士忌，但對於像我這樣周五晚上會上工的調酒師來說，雷伯五號可以降低調製成雞尾酒要冒的風險、花費的成本，同時營造出一些神祕感，而且其中的樂趣絲毫未減！如果運氣好，各位可能還會偶然發現他們的單一穀物威士忌——雷伯五號波本桶單一麥芽威士忌（Label 5 Bourbon Barrel）——假如是這樣，千萬別任憑它躺在貨架上！這就是我要講的！

品飲筆記

色澤 ______ 嗅覺 ______
味覺 ______ 餘韻 ______

63

製造商	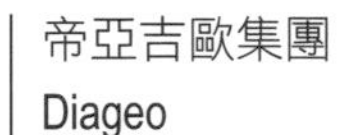 帝亞吉歐集團 Diageo
酒廠	蘇格蘭艾雷島的樂加維林酒廠 Lagavulin, Islay
遊客中心	有
哪裡買	專賣店
網址	www.malts.com
價格	

產地

年分

評鑑

樂加維林（Lagavulin）

8年陳釀（Aged 8 Years）

二〇一六年是樂加維林酒廠的重要年，因為是建廠二百周年紀念（不過我似乎記得包裝上印著一七四二年這個日期），不管怎麼說，我們都同意它已經有點年紀了。

這款陳釀8年的威士忌，最初是為了紀念建廠兩百年而限量發售的，這顯然是因為阿夫雷德・巴納（Alfred Barnard）在八〇年代路過樂加維林酒廠時，品嘗過的一款酒就是這個年分的。他形容這款威士忌「是極品中的極品」，這款威士忌最初的價格與16年陳釀的價格幾乎不分軒輊，因此在X（原Twitter）上引爆了網友怒火！但後來它被保留下來，成為永久追加的威士忌產品，價格也下降，我非常感激！

樂加維林威士忌享有「近乎傳奇般的聲譽」，這是埃涅阿斯・麥克唐納（Aeneas MacDonald）在一九三〇年所寫的，若非要說出有什麼區別，那就是它的名聲愈來愈顯赫了！對於喜歡艾雷島威士忌富含酚類、泥煤味濃郁的支持者來說，樂加維林威士忌是同類威士忌中的首選——儘管阿德貝格（本書第5款威士忌）在它萬般熱情的忠實顧客追捧之下，跟它其實不相上下！

儘管如此，對這款威士忌，各界眾說紛紜、大家各持己見，有位麥芽大師網站的客戶劈頭就犀利毒舌評論：「用它來點火啦！不要拿來入口！」接著又再補一槍：「它嘗起來像吃到毒藥！有一股怪味的燃料油噴濺出來，挾帶著撲鼻而來的辛辣刺激Javex*[40]味道，而且那種教人驚慌失措的餘味還揮之不去！」

不過，說不定這位送上評論的仁兄和我一樣，對濃烈的泥煤味威士忌敬謝不敏！後來，在該網站上，另一位忠誠的消費者也發表評語：「這款威士忌給我們重重來一記強烈得不得了的泥煤風暴啊！而且後面還有一丁點泥煤味一直冒出來，大家要小心那些無法承受重磅泥煤味襲擊的鄉民評價！」的確就是這樣，這就是為什麼這裡並沒有評分，但要事先警告各位了！

早在二〇一八年時，帝亞吉歐全球麥芽大使就推薦了樂加維林熱巧克力（Lagavulin Hot Chocolate），其中包含「一種精美濃郁、高品質的熱巧克力和大量陳釀8年的樂加維林威士忌，上面再淋一小層奶油」。

二〇一六年時，樂加維林酒廠也為我們帶來了八千瓶25年陳釀的威士忌，推出時售價為八百英鎊，現在則至少要砸四千英鎊！另外，還有大概十英鎊一罐、由查伯尼・艾特・沃克（Charbonnel et Walker，英國專門製造高級巧克力的公司）出品的奢華飲用巧克力。

品飲筆記

色澤		**嗅覺**	
味覺		**餘韻**	

64

製造商	金賓三得利 Beam Suntory
酒廠	艾雷島拉弗格酒廠 Laphroaig, Islay
遊客中心	有
哪裡買	銷售點遍布全球
網址	www.laphroaig.com
價格	

產地

年分

評鑑

拉弗格（Laphroaig）

四分之一桶單一純麥威士忌（Quarter Cask）

拉弗格酒廠是全球巨頭金賓三得利旗下莫里森．波摩酒廠（Bowmore Distillers）的姊妹酒廠，是艾雷島威士忌中最早一款「讓人愛恨交織」的威士忌，聞名天下的羅撒西公爵（又名威爾斯親王）很擁護它，並授予它皇家認證。一九三四年，作家詹姆斯．惠特克（James Whittaker）回憶拉弗格酒廠時，指它是「一個骯髒、悲慘的地方」。但是，之後有兩位可愛的當地女士則是用非常陶醉的語氣在拉弗格品牌的網站上形容它，拉弗格威士忌讓她們想起了「在沼澤地上穿著蘇格蘭男用短裙的粗獷男人」，所以，大家對拉弗格威士忌的看法見仁見智啊！

四分之一桶瓶裝威士忌是重現一百多年前更常見的威士忌風格的一次完美嘗試，當時一般會使用較小的酒桶來熟成酒液，這可能是因為在啤酒釀造業界使用的費金桶（容量為九加侖，或約四十一公升）相對來說比較容易取得，也可能是因為較小的酒桶在私人銷售上更盛行，或者正如該酒廠自己頗為浪漫地暗示的那樣，因為它們更方便走私！搞不好這三個因素都發揮了它們的作用。

不過，關鍵在於，威士忌在較小的酒桶中熟成得更快，而且木材的影響也更大（據釀酒師指出，程度超過30%），更重要的是，為了追求傳統，拉弗格酒廠沒有對這款威士忌進行冷凍過濾，而是以健康的48%的酒精濃度裝瓶，這一點值得稱道！

至少在我看來，結果「橘化為枳」，這款威士忌比標準的10年陳釀威士忌（酒精濃度40%）有了更巨大的進步——它更圓潤、更有活力、更飽滿、更甜美！事實上，它具備各位在拉弗格威士忌中所追尋的一切、甚至更多！不過，雖然我知道它在同類產品中是一匹黑馬——它是艾雷島的經典麥芽威士忌，有豐富的鹹味、泥煤味、酚類味和濃郁的口感——但我總覺得拉弗格的味道太過頭了！如有異議，請隨時提出！

我只想指出，二〇二一年國際葡萄酒暨烈酒競賽的評審更喜歡這款四分之一桶，而不是拉弗格的雪莉桶（Sherry Oak Finish）、四桶（Four Oak）和標準陳釀10年威士忌，說不定至少在這一次，證明了老辦法確實是最好的。

品飲筆記

色澤 ______ 嗅覺 ______

味覺 ______ 餘韻 ______

65

製造商 林多蒸餾股份有限公司
The Lindores Distilling Co. Ltd

酒廠 法夫郡紐堡皇家自治市和教區的林多修道院
Lindores Abbey, Newburgh, Fife

遊客中心 有

哪裡買 專賣店

網址 www.lindoresabbeydistillery.com

價格 

產地

年分

評鑑

林多修道院（Lindores）

創世紀（MCDXCIV）

早在一四九四年，一位可能相當無聊的抄寫員用中世紀宮廷拉丁語在蘇格蘭財政卷宗（類似於王室的帳簿）中寫下了一條紀錄，提到林多修道院的一位修道士約翰·科爾（John Cor）收到了八桶麥芽，用於製造生命之水。我們無法確定他們啜飲的就是這種東西（它可能是為國王詹姆斯四世的化學和醫學實驗而準備的，也可能是為了提升火藥的性能，甚至是為了防腐液——注意，今天我們已經有伏特加了），但因為這個簡單的順口一提，林多即獲公認為蘇格蘭威士忌的故鄉。

實際上，那些麥芽足夠讓現今的釀酒師釀造出大約一千五百瓶酒，因此，我們都贊成在五個多世紀前，這裡曾進行過某種精釀蒸餾酒活動，這就是現在威士忌業界和酒廠老闆都希望我們相信的，而我也不會無禮地去反駁。

值得注意的是，約翰·諾克斯（John Knox）領導的宗教改革暴徒於一五五九年摧毀了這裡的一切，直到現任酒莊主麥肯齊·史密斯（McKenzie Smith）家族在該遺址建造了相當精巧的釀酒廠和遊客中心，並於二〇一七年十二月開始從事蒸餾業之前，沒有人注意到林多。值得稱讚的是，他們決定了在這款威士忌釀造後至少五年內，不推出任何威士忌（並且展現出非凡的克制力，沒有開始去釀造琴酒）。

好吧，現在我們有了他們的創世紀（MCDXCIV）。我可以確認，為了這款非常令人愉悅且獨特的低地單一麥芽威士忌，等待是值得的！這裡有一座不大但優雅的遊客中心，各位可以在那裡探索林多修道院遺址的遺迹，讓前往法夫郡這個令人愉快的寧靜地區成為極度愜意的一趟旅程！

在林多修道院的蒸餾室中，請大家注意他們低調紀念、展示了吉姆·斯萬博士的生平事蹟，他是蒸餾界近乎傳奇的人物，在本書中三番五次現身，而且他輔佐創建了林多酒廠。他撒手人寰時所遺忘掉的蒸餾二三事，比一些老僧侶所知道的還要多！

品飲筆記

色澤 .... **嗅覺** ....

味覺 .... **餘韻** ....

66

製造商	羅曼德湖集團 Loch Lomond Group
酒廠	丹巴頓郡亞歷山大鎮的 羅曼德湖酒廠 Loch Lomond, Alexandria, Dunbartonshire
遊客中心	無
哪裡買	專賣店
網址	www.lochlomondwhiskies.com

產地

年分

評鑑

羅曼德湖（Loch Lomond）

單一穀物泥煤（Peated Single Grain）

這是羅曼德湖酒廠、真正與眾不同且不尋常的產品，而羅曼德湖酒廠本身就是一家標新立異的企業，它很大，不是特別漂亮，而且它釀造的產品五花八門，尤其是伏特加多不勝數、恆河沙數、車載鬥量一就像是實際上有滿滿一湖！

直到最近，羅曼德湖酒廠的經營顯然還是相檔低調。他們沒有網站，沒有接待訪客（現在也沒有），酒廠老闆的明確政策是遠離聚光燈，他們推出的威士忌往往是市場上的「最低價」產品，卻比「最廉價」產品要好得多。而且，他們不事張揚、沒有大加炒作，銷量還相當可觀，比方說，大統帥威士忌（High Commissioner）的價格非常親民，一公升不到二十英鎊，而且並不像各位認為的便宜沒好貨！

羅曼德湖酒廠的一大特色是他們獨出機杼的蒸餾器組合一結合了傳統壺式蒸餾器、羅曼德湖蒸餾器和連續蒸餾器，因此，至少在理論上，它能自給自足，並且可以在蘇格蘭威士忌生產的主流之外愉快地存活下來。它也可以是非常創新的。幾年前，羅曼德湖酒廠在柱式蒸餾器（column still）中蒸餾出百分之百的大麥芽糊，並認為它應該被承認為麥芽威士忌。不過，蘇格蘭威士忌協會（Scotch Whisky Association）卻把他們這項主張拒於門外。

二〇一九年轉換新的經營權，帶來了一些新氣象。經營者不僅投資了位於坎貝爾城的格蘭帝酒廠（請參閱第38款），同時正在販售最後一批陳年庫存、任命新的首席調酒師，而且還推出了一系列羅曼德湖單一威士忌。

雖然單一麥芽威士忌（種類繁多）可能不是各位品味過最棒的威士忌，但它們非常值得再看一眼！不過，假如各位想給那些愛假充對威士忌內行的人一個真正的驚喜，不妨試試他們的羅曼德湖單一穀物泥煤威士忌，它不僅使用道地的大麥芽釀製（正如我們所見，這種做法天下無雙！）還大量使用了泥煤穀物，並在首次和重新裝填波本酒桶中熟化，而且以46%的酒精濃度裝瓶。

三十英鎊起的銅板價，大家為什麼不試試看這款威士忌呢？

品飲筆記

色澤		**嗅覺**	
味覺		**餘韻**	

67

製造商	消失酒廠 Lost Spirits Company
酒廠	加州洛杉磯市消失的酒廠 Lost Spirits, Los Angeles, California
遊客中心	拉斯維加斯的Area 15
哪裡買	專賣店
網址	http:www.lostspirits.net
價格	

產地

年分

評鑑

消失的酒廠（Lost Spirits）

惡煞酒莊系列（Abomination Range）

自從各家酒廠意識到在木桶中長時間陳釀的好處以來，大家就一直在試著加快這個過程。除了可見四分之一桶、「聽音樂熟成」（sonic aging，在陳釀木桶中播放饒舌音樂）以及在木桶中添加木條和木屑，也一直流傳關於壓力測試和溫度管理的傳言，但沒有人真正破解這個問題。

瑞士公司七海豹（Seven Seals）在開發瑞士威士忌方面日新又新（是的，瑞士威士忌是市場的寵兒），有傳言指出，它將在愛爾蘭南部展開業務，還有時不時冒出來的NobleAB團體，聲稱自己開發了冷核融合反應器（cold fusion reactor），可以加速原酒或加工酒的木質熟成*41。事實上，自十九世紀末以來，威士忌行業一直在研究人工陳釀熟成，但都鎩羽而歸，不過我們永遠不知道會有什麼新發現。

因此，洛杉磯的布萊恩．戴維斯（Bryan Davis）站出來了！他的特定超酯化反應陳釀（THEA, Targeted Hyper-Esterification Aging）反應器是對蒸餾行業引起突破性變革的再一次嘗試，它的技術複製了在木材中陳釀多年的烈酒的化學特徵，並因此複製了該烈酒的味道。

從本質上講，它的工作原理是將橡木片暴露在高強度的光和熱中，同時把該橡木懸浮在裝有新酒的玻璃管中。在光的照射下，提取出主要的風味化合物，並形成新的化合物，經過分析以及與已知年分和產地的參考樣本進行比較，據說這些化合物與陳年威士忌有異曲同工之妙。

目前，消失的酒廠在他們的惡煞酒莊系列中推出了兩款「威士忌」，它們明顯佶屈聱牙的名字為美洲豹之泣（Crying of the Puma）以及法之言者〔Sayers of the Law，取自赫伯特．喬治．威爾斯（H. G. Wells）的小說《The Island of Dr Moreau》（暫譯，攔截人魔島）〕。

自本書上一版以來，這家酒廠的威士忌價格似乎有所下降，這點確實很令人信服——但是從技術上講，它們並不算是威士忌，所以各位可以質疑它們是否有資格被收錄進來……但這本書現在是各位的書了，所以各位自己決定吧！

品飲筆記

色澤 ________ 嗅覺 ________

味覺 ________ 餘韻 ________

68

製造商	科比烈酒與葡萄酒有限公司 Corby Spirit and Wine Ltd
酒廠	安大略省溫莎市海勒姆・沃克 Hiram Walker, Windsor, Ontario
遊客中心	有
哪裡買	專賣店
網址	www.corby.ca
價格	

產地

年分

評鑑

洛特40號（Lot No40）

在想起這款酒有多麼優秀的時候，我正打算放棄它，更重要的是，我注意到這個品牌所有人曾經一度想撇下它，現在卻認真地培植了這款近乎傳奇的加拿大裸麥威士忌，並將這款威士忌變成他們系列產品裡永久的一員，甚至還嘗試了一些限量版，其中包括每年推出的原桶強度、限量中的限量的泥煤四分之一桶（Peated Quarter Cask）以及最近才推出的暗黑橡木風格——所以，各位不妨拋掉加拿大威士忌很乏善可陳的這種想法吧！雖然裸麥威士忌是一種傳統風格，但近年來它已經重生，這種威士忌是創新和實驗的完美典範，使威士忌世界保持新鮮感和刺激感，幾乎超越了其他任何烈酒。

更重要的是，這款威士忌和來自科比烈酒與葡萄酒有限公司的同類產品（請另參閱J. P.懷瑟18年陳釀，第53款）所帶來的價值，在威士忌定價方面——尤其是43%的酒精濃度方面——代表了某種復古的回憶。科比烈酒與葡萄酒有限公司一定很想抬高售價，但世人不願承認這些酒有多優良，這為我們帶來了好處啊！

從技術上講，這是一款令人印象深刻的威士忌，因為穀物配方（穀物比例）的成分是百分之百裸麥，要是不摻雜其他穀物，就會變得出了名地棘手！科比的首席調酒師唐·利弗莫爾（Don Livermore）博士對一九九八年的原始配方稍加改良，最終成功突破了這個難題，釀造出這款果香美味、辛辣可口的威士忌。從柱式蒸餾器中汲取最初的烈酒，然後在壺式蒸餾器中放置十二小時以濃縮風味，這代表我們可以品嘗到醇厚的酒體、煙燻的甜味和乾淨、清爽的餘韻。

與歐洲市場相比，北美市場對裸麥威士忌的了解和欣賞說不定會更多一些，雖然我毫不猶豫地推薦裸麥威士忌是值得品嘗的佳釀，但它非常適合作為雞尾酒原料。不過，要是各位抗拒不了雞尾酒的魅力，那麼這款酒是曼哈頓殺手或老式雞尾酒的不二之選。科比烈酒與葡萄酒有限公司自己也聲稱這款酒非常適合搭配蘋果香酥（Apple Crumble）或奶油塔等甜點（這是加拿大的特色，我以前還不知道，但顯然非常濃郁香甜啊）！

品飲筆記

色澤 .... **嗅覺** ....

味覺 .... **餘韻** ....

69

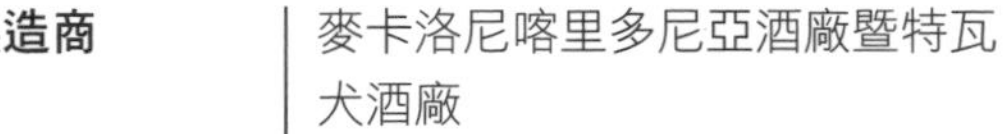

製造商	麥卡洛尼喀里多尼亞酒廠暨特瓦犬酒廠 Macaloney's Caledonian Distillery & Twa Dogs Brewery
酒廠	大維多利亞地區薩尼奇區的麥卡洛尼喀里多尼亞酒廠 Macaloney's Caledonian, Saanich, Greater Victoria
遊客中心	有
哪裡買	專賣店（如果能找到）
網址	www.victoriacaledonian.com
價格	

產地

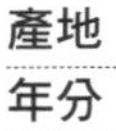

年分

評鑑

麥卡洛尼喀里多尼亞（Macaloney's Caledonian）

格蘭洛尼（Glenloy）

現在，各位可能很難在北美以外的地方找到這款酒，但我希望最終會供應到這些海岸，我對此表示歡迎，原因有二。首先，這是一家具有前瞻性的加拿大新生產商生產的美味威士忌；其次，它讓蘇格蘭威士忌協會制訂法律的官老爺人人自危！

儘管麥卡洛尼喀里多尼亞酒廠在二〇〇九年不光彩地淪為另一家加拿大小型釀酒商的手下敗將（在歷時近十年，花費無數金額之後），不過製酒業的產業機構已決定對該酒廠使用「Macaloney」「Caledonian」和「Glenloy」等詞彙提出異議，他們認為這些詞彙是蘇格蘭專有的，會導致消費者將這種威士忌與蘇格蘭威士忌混淆。順便提一下，麥卡洛尼喀里多尼亞酒廠是由一位名叫格雷姆·麥卡洛尼博士（Dr Graeme Macaloney）的男子所創立，他對於不能在自己的威士忌上使用自己的名字感到非常不滿，這是可以理解的。此外，儘管麥卡洛尼喀里多尼亞酒廠位於四面環水的島嶼，他們還是反對麥卡洛尼博士使用「島嶼威士忌」這個字詞。

麥卡洛尼博士義憤填膺地指出，蘇格蘭威士忌協會的主要成員帝亞吉歐自己還不都在銷售風笛手（Bagpiper）和麥克道威爾（McDowells）這些印度的「威士忌」啊！這也太荒謬了吧！

真希望我能開闢一個專欄來討論這種無稽之談！它無疑激起了加拿大威士忌後援會成員的愛國熱情（無疑也促進了銷售）！我在精彩好看的麥芽大師部落格上寫了一篇關於這件事的文章，收到的評論數大約是正常情況下的五到六倍——所有評論都一面倒熱烈支持麥卡洛尼喀里多尼亞酒廠！

更重要的是，這是一款真正由行家所釀造、令人陶醉的好酒！麥卡洛尼本人是一位旅居國外的蘇格蘭人，麥卡洛尼喀里多尼亞酒廠蒸餾團隊主要是蘇格蘭人，蒸餾器也是蘇格蘭的，著名的蒸餾顧問吉姆·斯萬博士〔他和肉餡羊肚（haggis）、風笛和Irn Bru一樣都是蘇格蘭的〕則是設計了麥卡洛尼喀里多尼亞酒廠和酒桶政策的軍師。

麥卡洛尼喀里多尼亞酒廠的格蘭洛伊單一麥芽威士忌，是當今世界各地生產的高品質威士忌中一個非常良好的典範，也是一種能讓品酒客喜笑顏開的威士忌！希望大西洋這邊見多識廣的飲酒族不久後就能體會到其中的道理囉！

品飲筆記

色澤 .... 嗅覺 ....
味覺 .... 餘韻 ....

70

製造商 | 麥肯尼專業精品烈酒屋 MacNair's Boutique House of Spirits

酒廠 | 未公開

遊客中心 | 無

哪裡買 | 專賣店

網址 | www.macnairs.com

價格 | 

產地

年分

評鑑

麥肯尼（MacNair's）

泥煤款純麥威士忌（Lum Reek）

「我們正在突破傳統的界限，創造出無窮無盡的特殊小批量烈酒！」各位可能會認為上述主張很大膽、甚至自命不凡。

如果各位把它歸結為一個協力廠商裝瓶商，銷售幾種調和麥芽威士忌和一些蘭姆酒，這肯定是一種有創意的公關手段，這並不是一個獨特的、甚至不是與眾不同的商業模式或消費主張，然而，我們應該睜大雙眼！因為這裡有意想不到的深度。

首先是這個名字——「Lang may yer lum reek」（願你的煙囪冒黑煙）。它是傳統蘇格蘭祝酒詞或朋友間戲謔詼諧的告別，表達了對長壽和繁榮生活的希望。「泥煤臭味」是我們對舊時代威士忌的一種美好聯想，當飲酒者尋求失落的黃金時代更強勁威士忌的口感（可能是想像的）時，這種風格再次受到青睞。要是各位對這些關聯毫無所知，那麼可能幾乎無法理解這個名字，不過它可能會吸引知識淵博的行家。

這款12年的威士忌出自威士忌界首屈一指的傳奇人物——釀酒師暨調酒師比利．沃克（Billy Walker）之手。他在將自己的班瑞克酒廠、格蘭多納和格蘭格拉索業務出售給百富門公司之後，現在低調地成為艾樂奇酒廠（GlenAllachie）的掌門人。麥肯尼專業精品烈酒屋可能是年輕人口中的「副業」，但正如我們對麥肯尼的期望一樣，這間酒廠對釀酒更加細心和關注，並且擁有近五十年的釀酒經驗。

正其強而有力的名字意思，沃克展現出了他畢生的能力——發掘被他人忽視的品質，將不受人喜愛的青蛙變成英俊的王子！要是煙燻但甜美的威士忌會讓各位如獲至寶，這款威士忌便是在沿海浮木火的熄滅餘燼上充滿了誘惑，而且還用牛奶糖和咖啡摩卡包覆了各位的味蕾，所以各位一定會對這款酒精濃度為46%的威士忌動心！它混合了來自首次裝填的波本、佩德羅．希梅內斯和紅葡萄酒桶的帶泥煤和未帶泥煤麥芽，這款威士忌口感新鮮，令人在酒酣耳熱時，感覺欣喜若狂！

品飲筆記

色澤 ………………………… **嗅覺** …………………………

味覺 ………………………… **餘韻** …………………………

71

製造商	金賓三得利 Beam Suntory
酒廠	肯塔基州洛雷托市的美格酒廠 Maker's Mark, Loretto, Kentucky
遊客中心	有
哪裡買	銷售點遍布全球
網址	www.makersmark.com
價格	

產地

年分

評鑑

美格（Maker's Mark）

經典肯塔基波本純威士忌（Kentucky Straight Bourbon）

在小比爾．薩繆爾斯（Bill Samuels Jr.）熱情洋溢的個性驅策下，這款肯塔基州的波本威士忌曾在一段時間內，在大西洋兩岸酒友間掀起崇拜狂潮！雖然這家酒廠成為私人所有已有多年，但其家族仍負責日常經營，創始人的孫子羅伯．薩繆爾斯（Rob Samuels）為現任總經理，他曾被指示過：「不要搞砸威士忌！」

總的來說，他並沒有出紕漏，美格酒廠仍然顯得特立獨行——以蘇格蘭的方式為自己定位為一款「威士忌」。二〇〇二年時，該酒廠透過在第一家酒廠旁邊建造第二家酒廠——而不是僅止於擴建現有工廠——來增加產量，並在酒窖中輪換酒桶，以使威士忌的陳釀更均勻。他們抵擋住了誘惑，沒有開發出各種稀奇古怪的產品，甚至沒有推出裸麥威士忌。

美格酒廠極具特色的外觀也沒有更動。在瑪吉．薩繆爾斯（Margie Samuels）早在五〇年代發明的方形酒瓶的瓶身上，現在仍然塗有紅色蠟，蠟滴落在酒瓶上。更重要的是，它的穀物組成（穀物比例）配方，仍以黃玉米、紅冬麥和大麥芽為基礎。紅冬麥是該品牌的一大突破，它的口感相對溫和細膩，比許多波本威士忌更加醇厚，這對波本蒸餾酒的「樸實無華的乖乖牌派」來說是一個新發現！

當然，也有一些翻版——各位可以買到原桶強度的美格（酒精濃度在50度左右）和美格46（Maker's Mark 46），在這兩種酒的酒桶中會多放十根法國橡木桶木條，並再多陳釀九個星期，順便提一下，雖然這方式難以具體說明，但木材確實會影響威士忌的風味。這項特殊實驗的圓滿結果催生了「私人珍藏」系列，其中有一千零一種可能的木條組合，每種組合都能為幸運的擁有者帶來獨特的訂製過桶熟成與口感風味，最好還是親自去美格酒廠嘗一嘗這款威士忌啦——我得承認，這根本是小事一樁啦！

最後，美格酒廠最近獲得了B Corp認證（B Corporation Certification），成為世界上獲得該認證的最大酒廠，為它卓越的血統再添光彩！

品飲筆記

色澤 .... **嗅覺** ....

味覺 .... **餘韻** ....

72

製造商 羅素大師烈酒生產商有限公司
Russell Distillers Ltd

酒廠 肯特郡查塔姆鎮的銅鉚釘酒廠
Copper Rivet, Chatham, Kent

遊客中心 有

哪裡買 專賣店

網址 www.copperrivetdistillery.com

價格 

產地

年分

評鑑

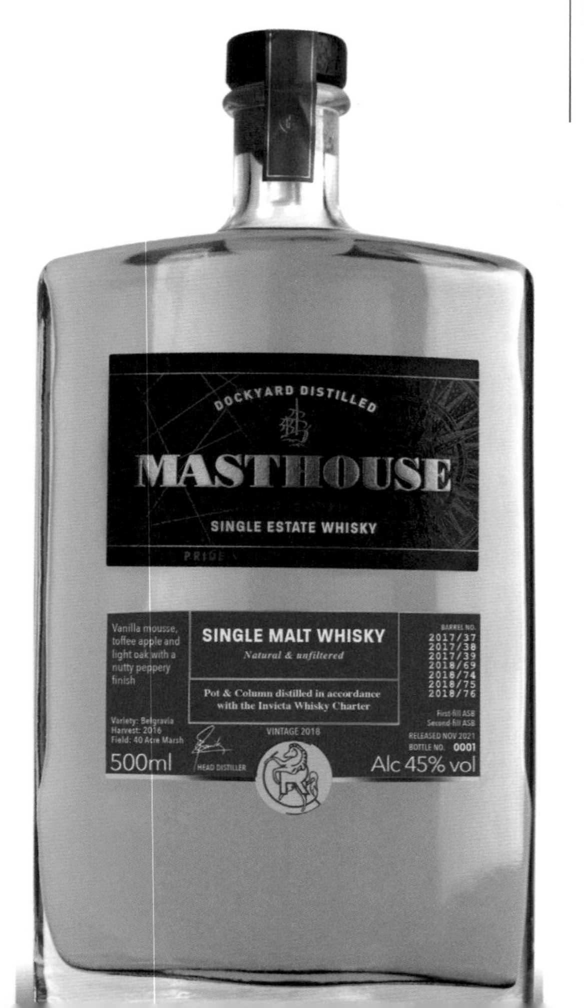

桅屋臺（Masthouse）

柱式麥芽威士忌（Column Malt Whisky）

有一則來自肯特郡的重大消息，查坦鎮銅鉚釘酒廠推出了桅屋臺柱式麥芽威士忌啦！

自二〇一七年十二月開業以來，銅鉚釘酒廠一直在做一些有趣且值得注意的事情，他們釀造了一種美味的琴酒（好吧，雖然一家小酒廠生產琴酒，並不是世界歷史上最有趣和最值得注意的事情，但它非常可口），並接著推出了用他們經典的壺式蒸餾器釀造的優質英國麥芽威士忌。

但這款酒與眾不同的是用柱式蒸餾器蒸餾的單一麥芽威士忌。事實上，他們在推出這款威士忌時聲稱，這是「全英國酒廠推出的第一款柱式蒸餾單一麥芽威士忌」，但事實並非如此——這並不重要，因為它非常有趣*42！

銅鉚釘酒廠位於歷史悠久的查塔姆造船廠宏偉的維多利亞式五號泵房（Victorian Pump House No. 5）內，坐落在名字輝煌的利維坦路上。這是一個相當不錯的地點，而且這家酒廠也為八〇年代中期造船廠關閉後的廢棄建築注入了新的活力。

他們甚至設計了自己的蒸餾器，並使用從附近謝佩島專門種植的肯特郡麥芽。銅鉚釘酒廠堅持生產過程完全透明這點令人稱道，他們對自己從農場到酒杯的價值理念感到非常自豪。

儘管喝起來順口的桅屋臺柱式蒸餾麥芽威士忌的瓶子比一般的五十厘升裝還小，但卻大大引發了威士忌愛好者的好奇心。雖然我在評註中駁斥了他們虛假的歷史說法，但我的目的不是貶抑銅鉚釘酒廠，而是贊揚他們，這是他們所做的一件大膽、令人興奮和創新的事情。我希望它能引起一兩個山丘和峽谷（或者更有可能是一些灰色城市的公司辦公區）中的人，思考可能錯失的蘇格蘭威士忌。

品飲筆記

色澤 ________ 嗅覺 ________

味覺 ________ 餘韻 ________

73

製造商	愛爾蘭酒廠有限公司（保樂力加旗下公司） Irish Distillers Ltd（Pernod Ricard）
酒廠	科克郡米德爾頓米德爾頓微型酒廠 Midleton Micro, Midleton, County Cork
遊客中心	有
哪裡買	專賣店
網址	www.methodandmadnesswhiskey.com
價格	

產地

年分

評鑑

方法與瘋狂（Method and Madness）

單一穀物威士忌（Single Grain）

有人一直在讀著他的莎士比亞——波洛紐斯（Polonius）發現到：「這看似瘋狂，但實則有因」（《哈姆雷特》，第二幕第二場）。他是一位年長的朝臣，正在努力想弄明白丹麥王子的胡言亂語，但是，隱藏在簾幕後的波洛涅斯的下場並不好——他很早就成了持刀犯罪的受害者。

想到這個預兆，我因而不太確定二〇一七年愛爾蘭酒廠有限公司的這個倡議能否持續下去！但是，由於蒸餾業無論如何都是由會計師在幕後操縱，而且他們看到了小型精釀手工蒸餾酒廠擁有的一切樂趣，還有這些酒廠獲得的讚譽、他們釀造和銷售的有趣好玩威士忌，因此會計師決定，要是有錢賺，他們也要分一杯羹！當然，這是為了樂趣，我可不敢說利潤的誘惑在這裡也發揮了作用。

不過，我們不妨來讚賞一下愛爾蘭酒廠專心致忘的做法吧！他們不僅進行了幾次試驗，還建造了整個酒廠，並將它交給他們的蒸餾學徒團隊，看看他們能做出什麼。聲譽和宣傳當然會有所幫助，而學徒則可以親身體驗蒸餾，比坐在電腦前所能學到更多。

我之所以選擇這款單一穀物威士忌，一方面是因為它的價格最低（28年紅寶石波特桶單一威士忌的價格為一千八百英鎊！），另一方面也是為了探索過去十年中，讓世界充滿希望的幾款有趣的單一穀物威士忌。這裡的「瘋狂」之處，在於用新的西班牙橡木桶來過桶熟成威士忌，這並不是非常激進的做法——該系列中的其他一些產品使用了匈牙利橡木桶甚至栗木桶，進一步拓展了界限——但它還是有點與眾不同，而且不久前還沒有出現在實驗室之外的地方。

現在，該系列已擴展到涵蓋裸麥和麥芽威士忌、單一麥芽威士忌、純壺式蒸餾威士忌、少量限量版威士忌和琴酒。但願沒有哪個可惡、魯莽、強勢的傻瓜會拉開瘋狂搶購的簾幕！

品飲筆記

色澤 ………… 嗅覺 …………

味覺 ………… 餘韻 …………

74

製造商 酩帝酒廠有限責任公司 Michter's Distillery, LLC

酒廠 肯塔基州路易維爾的酩帝酒廠 Michter's, Louisville, Kentucky

遊客中心 有

哪裡買 專賣店

網址 www.michters.com

價格 

產地

年分

評鑑

酩帝（Michter’s）

美國*1肯塔基酩帝波本威士忌（US*1 Kentucky Straight Bourbon）

這家酒廠是美國釀酒歷史的一部分，多年來，這家酒廠曾改名換姓，被收購、出售、關閉，最終落到了一家眼光獨到的家族企業手中。這家企業擁有真正的威士忌資質與水準，並有時間、耐心和資源來重建聲譽。

假如各位真的非常幸運、而且手腳很快，說不定能買得到一瓶25年陳釀的酩帝波本威士忌——真的值得尊敬！然而，這種美味花蜜的數量非常有限，在威士忌拍賣網站上的價格也很高，這些威士忌顯示了這個震古爍今 的老品牌是如何復興的，酩帝團隊精確購買其他酒廠的多餘庫存，在波本威士忌的荒蕪歲月中，周密審慎管理這些庫存，以恢復這個美國威士忌第一品牌的榮耀——這個品牌的歷史可以追溯到一七五三年。

不過，各位通常能找到的是他們較新的威士忌——他們稱之為美國*1（US*1），這些威士忌是在位於肯塔基州路易斯維爾歷史中心夏夫利市地區占地七萬八千平方英尺、令人印象深刻的酒廠裡蒸餾的，他們在那裡建造了一座專門建造的工廠，目的是要滿足當今的需求和未來多年的發展。

無奈的是，各位無法參觀他們的主酒廠，但酩帝酒廠在路易斯維爾市開設了一個展示遊客中心，就在引人注目而且具有重要建築意義的尼爾森堡蒸餾廠（Fort Nelson Distillery）。值得注意的是，這裡還有最後一個酩帝原蒸餾器，這些蒸餾器是從廢料場裡救出，經過徹底修復後，可以再次進行蒸餾。毋庸置疑的是，這個小酒廠的有限產量最終在上市時會賣出高價！

波本威士忌讓人聯想到路易斯維爾，所以我選擇了這種風格的威士忌，但我也很樂意推薦他們的純裸麥威士忌、酸醪（Sour mash）威士忌或美國威士忌，這些都是美國*1（US*1）品牌下的產品。如果各位找不到或買不起真正的老酒也不必擔心。這些威士忌都很貨真價實，由真正了解並關心自己所做事情的人釀造而成，他們始終堅持的口號是——重要的是威士忌，而不是成本。

品飲筆記

色澤 ………… 嗅覺 …………

味覺 ………… 餘韻 …………

75

製造商 | GKI集團 GKI Group

酒廠 | 台拉維夫奶與蜜酒廠 Milk & Honey, Tel Aviv

遊客中心 | 有

哪裡買 | 專賣店

網址 | www.mh-distillery.com

價格 | 

產地

年分

評鑑

奶與蜜（Milk & Honey）

經典（Classic）

台拉維夫市中心的夏季氣溫動不動就飆到攝氏三十度，熱浪來襲時還會竄升到攝氏四十度！似乎不太可能會有人在這裡建造一家酒廠吧？但是，要是各位想嘗試一下，那麼在二〇一二年，各位可以打電話給不屈不撓的吉姆・斯萬博士，他是一位新世界威士忌*43先導（沒錯，就是他讓金車噶瑪蘭威士忌和其他無數威士忌變得家喻戶曉的）。而現在千呼萬喚始出來的則是奶與蜜酒廠——或稱M&H酒廠，他們似乎更喜歡用這個名字。

他在不樂觀的環境中，掌握威士忌蒸餾和酒桶管理的藝術而打響名號二〇一五年時，他幫助當地團隊——加爾・卡爾克什坦（Gal Kalkshtein）以及同事阿米特・德魯爾（Amit Dror）、西蒙・弗里德（Simon Fried）、魯伊（Roee）和納馬・利希特（Naama Licht）成功開設了以色列第一家實體奶與蜜威士忌酒廠，這並不是真正的第一家酒廠，因為戈蘭高地（Golan Heights）的佩爾特酒廠（Pelter Distillery）在二〇一七年推出了單一麥芽威士忌，但與奶與蜜酒廠八十萬公升的年產能相比，它們顯得相形見絀！顯然，奶與蜜酒廠不是窩在一個不起眼的地方，而且並非克難到搞車庫樂隊式的經營，他們成功啟發了其他酒廠，目前已有六家或更多的酒廠開業或正在開發中！

可惜的是，吉姆・斯萬在看到奶與蜜酒廠完全熟成的威士忌之前就駕鶴歸西了。不過，在首席釀酒師托默・戈倫（Tomer Goren）領軍下，他們的事業蒸蒸日上！如今，除了他們的經典單一麥芽威士忌外，奶與蜜酒廠還提供許多其他過桶熟成威士忌，包括雪莉桶、使用前艾雷島橡木桶過桶的泥煤風格以及以色列紅葡萄酒桶，最後終於發展到不斷變化的小批次生產裝瓶的Apex系列，甚至還有Apex死海威士忌。它們在地球上最低的地方——死海——中陳釀，那裡的溫度甚至高達攝氏五十度。

奶與蜜酒廠仰仗著規模和稱霸全球的雄心，將許多產品進軍英國銷售，且價格公道，尤其是他們的裝瓶酒精濃度最低為46%，而且通常更高的時候。各位可以購買私人桶裝威士忌，此外，他們還生產兩種琴酒。

從令人印象深刻的經典酒開始，吉姆・斯萬招牌的「刨桶（shaved）、烘桶（toasted）、燒桶（charred）」釀酒技術帶來了大量的香料、橡木和水果的味道。根據公關人員的說法，這顯然恰如其分地展現了台拉維夫充滿活力的炎熱氣候！

品飲筆記

色澤 .... 嗅覺 ....

味覺 .... 餘韻 ....

76

製造商	格蘭菲迪酒廠 William Grant & Sons Distillers Ltd
酒廠	不適用，這是一款調和威士忌
遊客中心	格蘭菲迪及百富酒廠的遊客設施
哪裡買	銷售點遍布全球
網址	www.monkeyshoulder.com
價格	

產地

年分

評鑑

三隻猴子（Monkey Shoulder）

原創經典（The Original）

二〇一〇年（這款酒問世之初）時，我撰寫過一篇關於這款酒的文章，當時我提到：「這並不是大家對格蘭菲迪和百富的釀酒師威廉．格蘭（William Grant）的期望，這款酒刻意取了一個非比尋常的名字（正如我們看到的，這個名字帶有威士忌的傳統——而且也確實如此！）以及設定時髦的網站以及強調雞尾酒和時尚酒吧，所有這些都帶有強烈自我的行銷策略色彩。

老實說，我壓根兒沒想到這款酒會賣得這麼好，它無疑就是個熱賣品！事實上，《威士忌交易所》的辛格兄弟等有影響力的評論家甚至聲稱，它「改變了世界對飲用威士忌的看法」，這是真的嗎？

從技術上講，這是一種調和麥芽威士忌——也就是說，它混合了幾種單一麥芽威士忌，但不含穀物威士忌（這樣就讓這款威士忌成為一般調和威士忌）。格蘭很幸運，擁有多家酒廠，他將一些格蘭菲迪、一些百富和一些奇富（Kininvie，位於他們在達夫鎮酒莊的第三家酒廠，很低調）混合在一起，打造出一種專為雞尾酒設計的順口威士忌。自從推出原創經典以來，他們還繼續提供一款泥煤口味的威士忌煙燻猴子（Smokey Monkey），以及預先調和的慵懶悠閒紳士雞尾酒（Lazy Old Fashioned）。

雖然格蘭菲迪這個品牌現在由調酒巨匠布萊恩．金斯曼（Brian Kinsman）負責，但據我了解，它最初是由格蘭菲迪酒廠的大衛．史都華（David Stewart）打江山的。各位會發現，他是一位傳統的威士忌迷。然而，這款酒絕不是專門針對波本威士忌酒客設計的，因為他們喜歡稍微甜一點的口味，而且容易接受非傳統的品牌。

因此，它受到一流酒吧、雞尾酒網紅和名人的熱烈歡迎，並抱走了數不完的獎項。所以它的價值會這麼高也不足為奇了。

有三隻猴子裝飾著這款威士忌酒瓶的瓶頸，這款威士忌的名字是什麼意思呢？它指的是麥芽釀造酒廠的工人在手工翻轉麥芽後，在他們身上明顯造成的一種症狀，並不像各位想像的那樣，是某種跟猴子有關的事。而且我可以確定，在釀造這款威士忌的過程中，沒有傷害到任何猴子。

品飲筆記

色澤 .... **嗅覺** ....

味覺 .... **餘韻** ....

77

製造商	新里夫酒廠有限公司 New Riff Distilling, LLC
酒廠	肯塔基州紐波特市的新里夫酒廠 New Riff, Newport, Kentucky
遊客中心	有
哪裡買	專賣店
網址	www.newriffdistilling.com
價格	

產地

年分

評鑑

新里夫（New Riff）

肯塔基純波本威士忌（Kentucky Straight Bourbon）

瓶子上寫著「保稅威士忌（Bottled in Bond）」——事實上，它是壓印在玻璃上的，所以它一定很重要吧？從本質上講，這是一種保護消費者的保證，各位可能會在美國威士忌（可追溯到一八九〇年代末）上看到這種保證，以確保威士忌的原產地、濃度和年分。

雖然對於誰可以使用這個字詞有嚴格的規定，但它真正告訴我們的是，這款威士忌實際上是由新里夫酒廠自己生產，而不是把從其他酒廠（通常是印第安納州勞倫斯堡的一家很大的蒸餾廠）買來的酒當作主要成分，然後貼上標籤以示它是由裝瓶的品牌所生產的——令人遺憾的是，在最近大家對精釀手工蒸餾酒興趣大增的時候，所有人對這種特殊做法都已經感到習以為常了！

新里夫酒廠在肯塔基州和俄亥俄州交界的紐波特市釀造波本威士忌、裸麥威士忌以及其他烈酒。新里夫酒廠公開、明確而且大聲承諾他們對獨立經營權、傳統與創新的融合以及適當陳釀威士忌的信念，光在美國就有二千三百多家「精釀手工」酒廠，要想在威士忌這樣一個歷史悠久、擁有眾多傳統和知名競爭者的領域中標新立異，要具備一定的自信與獨立思考，而新里夫酒廠的威士忌也確實出類拔萃。

這款波本威士忌的穀物配方釀造原料包括百分之六十五的玉米、三成的裸麥（數量真不少）和百分之五的麥芽，全都是非基因改造，因此具有挑逗、辛辣的特性，再加上酒精濃度50%的裝瓶強度，無疑是有自我堅持的。他們非常強調自己的威士忌嚴格遵守全酸醪的肯塔基釀酒法，而且他們的威士忌也不經過冷凍過濾，對此還可以補充一點，那就是他們的酒精濃度比普通威士忌更高，不僅在某種程度上證明了這款威士忌零售價格是合理的（大家別忘了，它的瓶子還是稍大的美國七十五厘升瓶裝），而且還可以拿來當作無與倫比的雞尾酒基酒！

因此，正如新里夫酒廠所說，該酒酒體濃郁、風味豐富，還有紅銅加持——各位還有什麼理由不喜歡呢？

品飲筆記

色澤 .... 嗅覺 ....

味覺 .... 餘韻 ....

78

製造商	大日本果汁株式會社 The Nikka Distilling Co. Ltd
酒廠	不適用，這是一款調和威士忌
遊客中心	宮城峽和餘市釀酒廠
哪裡買	專賣店
網址	www.nikkawhisky.com
價格	

產地

年分

評鑑

一甲（Nikka）

威士忌原酒（Whisky From The Barrel）

這讓人很難為情！我對這個不起眼的小瓶酒讚美有加已經有一段時間了，我並不是一個人，極具公信力的美國雜誌《推廣威士忌》（*Whisky Advocate*）將日果單桶原酒威士忌，評選為二〇一八年度威士忌，這款威士忌讓人愈喝愈喜歡！

但我要開始講重點了——它實際上並不是日本威士忌，至少不是大家認為的百分之百日本威士忌，日本法律似乎允許從任何地方進口威士忌，調和後作為「日本威士忌」重新出口——儘管二〇一三至二〇一八年間，隨著日本威士忌類別蓬勃發展，蘇格蘭的散裝威士忌出口量增加了四倍，但直到二〇二一年三月，這仍然是日本的祕密。然後，隨著日本洋酒酒造協會（Japan Spirits & Liqueurs Makers Association）宣布新規定，要求到二〇二四年三月，「日本威士忌」實際上應該在日本生產，日本威士忌就開始成為愛酒人士的新寵兒！

然而，我在本書最新版本中的一些評論，現在看來都不可思議地言中了！畢竟，我確實曾振筆直書過：「一甲製造的威士忌，仍然深受其創始人竹鶴政孝所吸收和堅持的蘇格蘭傳統的強烈影響，因此，在第一印象中，這種威士忌可能會讓人覺得出奇地熟悉。」我接著補充下去：「口味開始向意想不到的方向演變。隨著各位探索它的口味，它將逐漸為各位所接受和喜愛，既能讓各位立刻舒適地辨認出自己常喝的威士忌（假設各位喝的是蘇格蘭威士忌），又能感到奇妙地有所差異——就像一位老朋友移居國外，用他的母語口音講出一種新語言一樣。」

事實證明，這並不奇怪。據說這種調和威士忌中含有大量的班尼富威士忌，該威士忌也是一甲旗下的品牌，而且，就在我創作這本書時，似乎還沒有任何改變這種調和威士忌的計劃，大概要等到新規則生效或者庫存耗盡。但好消息是，它的價格似乎已經下降，因此，正如我下的結論，這款威士忌毫無疑問可以讓對威士忌有興趣的朋友膢瓶試飲，看看他們認為如何！

或者，各位可以找一些班尼富單一麥芽威士忌，但它的評價並不像應有的這麼高……。

品飲筆記

色澤 ………… 嗅覺 …………

味覺 ………… 餘韻 …………

79

製造商	帝亞吉歐集團 Diageo
酒廠	亞蓋爾-標特區，歐本酒廠 Oban, Argyll & Bute
遊客中心	有
哪裡買	銷售點遍布全球
網址	www.malts.com
價格	

產地

年分

評鑑

歐本（Oban）

14年陳釀（14 Year Old）

歐本威士忌最初是帝亞吉歐數一數二的經典麥芽威士忌系列，現在似乎已經淪為「更廣泛威士忌系列」的一部分而已，這實在令人遺憾！因為我會把它列為我的「荒島酒」之一！即使它沒有某些同類威士忌那樣的名氣和魅力，我仍無法輕易相信這款美味的14年陳釀不是蘇格蘭首屈一指、真正偉大的單一麥芽威士忌！

我懷疑帝亞吉歐並沒有竭盡所能宣傳這款威士忌，因為生產受限於歐本酒廠的規模，要是每個人都知道它有多好，庫存很快就沒了！該酒廠座落於迷人的西部高地小鎮中心，小鎮圍繞著這間酒廠發展，以至於不可能擴建該酒廠。但這或許是件好事，因為歐本威士忌的特色不會因為小鎮的發展而改變，事情會按照大家記憶中的樣子延續下去。這家酒廠不是很整齊的特色讓人樂而忘返，我們可以說，它沒有被發展所破壞。

現在只有三款標準威士忌——一款14年陳釀和兩款沒有熟成時間的陳年威士忌：帶有蒙的亞不甜雪莉桶餘味（Montilla fino sherry-cask）的歐本小海灣（Little Bay）以及歐本酒廠限定版（The Distillers Edition）。歐本威士忌曾在二〇二一年的帝亞吉歐限量原酒臻選系列（Diageo’s Special Releases series）中現身，但面對突破三位數的價格，市場似乎對這款威士忌無動於衷。此外，還有一款跟《權力遊戲》搭配、名為歐本海灣珍藏守夜人軍團（Oban Bay Reserve Night's Watch）的嚴選聯名威士忌，它與該電視劇有著某種微妙的聯繫。

別管這些了，先從品嘗美味的14年威士忌開始吧！這酒真不錯！口感複雜，有鹽味和煙燻味，但味道不會失去平衡。最初的印象隨後被乾果和柑橘的甜味所取代，煙燻味和麥芽味逐漸變淡。即使現在已經超過五十英鎊，這款威士忌仍然物超所值！假如各位覺得某些艾雷麥芽威士忌口味過重，那麼這款威士忌可能會完全符合各位的口味——我有沒有承認我是它的粉絲？

品飲筆記

色澤 .... **嗅覺** ....

味覺 .... **餘韻** ....

80

製造商	百富門公司 Brown-Forman Corporation
酒廠	肯塔基州路易維爾的歐佛斯特酒廠 Old Forester, Louisville, Kentucky
遊客中心	有
哪裡買	銷售點遍布全球
網址	www.oldforester.com
價格	

產地

年分

評鑑

歐佛斯特（Old Forester）

經典86（86 Proof）

這是一款最富傳奇色彩的威士忌，它是第一款用密封瓶裝販售的波本威士忌（得以防止摻假）。它的公司創始人於一八七〇年代成立公司，並在禁酒令期間一直持續生產（用於藥用目的）而且現在仍然物美價廉——事實上，它的價格便宜得令人眼睛一亮，但感覺像騙人的！各位說不定興趣缺缺……。

令人遺憾的是，直到最近，該酒廠的情況仍是如此。由於波本威士忌普遍沒落，加上相當單調和過時的包裝，導致銷售額不斷下滑。要不是因為家族關係，管理階層很可能已經放棄這款威士忌了！我認為沒有人真的想跟布朗家族進行對話，因為布朗家族仍然是主要掌控百富門公司業務的一方，不過，不用擔心，歐佛斯特不會被連根拔起！想必是有人發現了其中的內情，粉碎了任何試著想砍掉這個品牌的企圖吧！

因此，現在隨著大家關注起真正的傳統，以及經過精明的新經營權讓渡洗禮的威士忌，歐佛斯特的時代又來臨了！各位可以花兩倍以上的價格，購買強度更高的美國密使威士忌（最初是搭配電影，但像任何政客一樣，它似乎繼續待著不走），但這款經典的經典86威士忌（酒精濃度為43%）才是探索歐佛斯特威士忌一切的起點！

事實上，這一切的發祥地是肯塔基州的路易斯維爾市，現在市中心有一個歐佛斯特酒廠和遊客中心，在那裡，各位可以找到一系列令人目眩神迷的歐佛斯特風格威士忌，包括預先調和的薄荷茱莉普（Mint Julep）調酒。歐佛斯特的業務真的是如日初升！

在零售業的叢林中，各位不能老是太專注在細節上，要是沒有顧全大局，可能會因而錯漏重要的訊息。那裡有更複雜的波本威士忌，有更陳年的波本威士忌、有包裝更精美的波本威士忌，當然還有許多更昂貴的波本威士忌，但各位並不永遠都想要複雜、陳舊和花俏的東西，當然也不會一直都想要花大錢！有時，各位想要的是可靠而且始終如一的老牌威士忌。而這正是一款大家無須思考，只要倒出即可享用的威士忌！

品飲筆記

色澤 .... **嗅覺** ....

味覺 .... **餘韻** ....

81

製造商	因弗豪斯家酒廠有限公司 Inver House Distillers
酒廠	凱瑟尼斯郡維克鎮的富特尼酒廠 Old Pulteney, Wick, Caithness
遊客中心	有
哪裡買	專賣店，或英國超市
網址	www.oldpulteney.com
價格	

產地

年分

評鑑

富特尼（Old Pulteney）

18年陳釀（Aged 18 Years）

富特尼是因弗豪斯名列前茅的單一麥芽威士忌，它有一家特別富有想像力的公關公司，不時會提一些雄心勃勃的宣言，聲稱自家酒廠與海鮮的獨特關係。顯然，泰斯卡（請參閱第88款）一直把錢浪費在「由海洋打造」的廣告上，說不定富特尼的形象包裝高手可以談談那些奇怪的平頂蒸餾器，或者多講一講他們酒廠在永續性所從事的各種值得稱讚的工作。

但誰會在乎呢？蘇格蘭首屈一指最優秀的作家、威士忌最狂熱的救星尼爾．M．岡恩（Neil M. Gunn）在他一九三五年出版的經典著作《Whisky and Scotland》（暫譯，威士忌與蘇格蘭）中曾寫道：「我到了理解富特尼的年齡時，會欣賞它熟成的品質，並在其中認識到一些北方氣質的強烈特徵。」

岡恩是一位出色的威士忌鑒賞家，他說得沒錯。自從經過本書較早版本以及其他威士忌作家推薦以來，富特尼的17年單一麥芽威士忌已經受到許多重要獎項的肯定。各位可能很幸運，可以在某個地方偶然拿到一瓶富特尼17年威士忌，但是，除此之外，還會面臨一個令人為難的問題——究竟是要升級至18年威士忌（不過超過一百英鎊），還是索性省下少少的三十英鎊，選擇15年威士忌。

不幸的是，各位必須承受打擊！因為這就是威士忌日益受歡迎的結果，它導致威士忌不斷地重新包裝以及——可怕的字詞——「重新定位」！這對長期受苦的消費者來說，從來都不是好消息！不過，請大家打起精神來！因為下一級的威士忌是25年陳釀，它的價格已經飆漲，現在衝到近四百英鎊的高價。這種天價也太不像話了吧！

因此，考慮到它獨特非凡的口感和46%的裝瓶酒精濃度，我會選擇這款十幾年分的威士忌，17年陳釀的口感非常好，但我覺得這款18年的酒更臻完美，因為它是波本酒桶和西班牙橡木桶的合體，威士忌的深度、口感更加豐富、濃郁、強度更大！

尼爾．岡恩會對這款富特尼18年威士忌津津樂道的！不過，重新定位真是令人感到遺憾！我要怪那些令人惱火的威士忌作家的推薦！

品飲筆記

色澤 .... **嗅覺** ....

味覺 .... **餘韻** ....

82

製造商	約翰酒廠私人有限公司 John Distilleries Pvt Ltd
酒廠	果亞邦丘恩喬利姆鎮的保羅約翰酒廠 Paul John, Cuncolim, Goa
遊客中心	有
哪裡買	專賣店
網址	www.pauljohnwhisky.com
價格	

產地

年分

評鑑

保羅約翰（Paul John）

光輝（Brilliance）

現今在英國和歐洲的貨架上能找到印度威士忌很稀鬆平常！即便沒有這種感覺，也不至於到令人訝異的地步！因為這已經不是什麼新鮮事了。事實上，印度威士忌如今已成為一股真正的全球力量，它背後的公司在國內和出口市場都快速成長。二〇一二年十月，保羅約翰酒廠首次在英國推出了自己的威士忌，與他們的同胞雅沐特和拉姆普爾（Rampur）一樣，嘗試推出具有競爭力的價格和另類風格的風味桶，這些產品在比賽和矇瓶試飲時過關斬將，保羅約翰酒廠的成功實至名歸！

事實上，他們的「入門級」威士忌「極樂」（Nirvana）的售價仍在三十英鎊以下，這對於他們曾描述為提供「超越世俗境界的崇高體驗」的威士忌來說，似乎並不常見，甚至有些超值！不過，務實一點，我會多花幾英鎊，換酒精濃度稍高的「光輝」，因為它的口感和餘韻釋放度都能達到更高的46%。給任何威士忌取這個名字都很大膽，但約翰公司表示，他們「被突破傳統的熱情所驅使，並且開始深入威士忌世界的最高層」，想到他們如此龐大的野心，放棄多花幾分錢（講得明確一點，是多花十英鎊啦）似乎有些無禮啊！而且各位可以放心地把這瓶威士忌送給那些還沒有收到印度威士忌備忘錄的勢利朋友囉！

雖然酒齡可能不到5年，但它的口感卻掩飾了它的年輕！而且亞洲威士忌的成熟條件（也可參考金車噶瑪蘭威士忌，請參閱第58款）讓舊世界的考慮因素根本不適用。我們無法按照適用於寒冷北方氣候的長期既定標準來評判這些威士忌，不過坦白說，像這樣的印度威士忌早已超越了跟蘇格蘭威士忌或任何其他威士忌相提並論的階段，而是能傲然獨立、雄踞一方！

值得注意的是，保羅約翰公司董事長保羅- P.約翰（Paul P. John）提到，在這個產品組合中，他個人最滿意的就是光輝！

品飲筆記

色澤 .... 嗅覺 ....

味覺 .... 餘韻 ....

83

製造商	雷迪克・凱坦有限公司 Radico Khaitan Ltd
酒廠	北方邦的蘭普爾酒廠 Rampur, Uttar Pradesh
遊客中心	無
哪裡買	專賣店
網址	www.rampursinglemalt.com
價格	

產地

年分

評鑑

蘭普爾（Rampur）

阿薩瓦（Asāva）

我相信各位已經注意到，在市場貨架上突然看到了一群印度威士忌大軍！當然，印度是一個巨大的烈酒市場，他們主要的國內品牌在印度的銷售量，輕鬆地就超越了頂級蘇格蘭威士忌在全世界銷售量的兩倍！事實上，在全球銷量排名前十的烈酒中，有四款印度威士忌，而蘇格蘭威士忌只有一款（排在第九位）！

雷迪克．凱坦有限公司——蘭普爾威士忌的幕後推手——所生產的「8 PM」品牌在印度暢銷榜上排名敬陪末座，但即使如此，它的銷售量也超過了七百萬箱——這使其輕鬆成為世界第三大暢銷蘇格蘭威士忌！然而，正如我們從雅沐特（請參閱第3款）了解到的，這些威士忌並不是威士忌，至少就歐洲市場而言是如此。但是，印度的酒廠無所畏懼，他們把注意力放在真正的單一麥芽威士忌，這就是我們在這裡所擁有的產品。

蘭普爾酒廠位於喜馬拉雅山腳下，是印度數一數二歷史最悠久的酒廠，目前提供雙桶和佩德羅．希梅內斯雪莉桶過桶熟成的精選單一麥芽威士忌。雙桶是優秀的產品，一位低調的蘇格蘭釀酒師向我形容它「相當不錯」，但話又說回來，這是一個嚴肅的蒸餾廠——亞洲首屈一指最大的蒸餾廠——他們對新的蒸餾廠以及氣候和濕度控制酒窖的大投資砸錢不手軟，這說明了他們對單一麥芽威士忌投入了認真長期的思考。最初有一些認真又受人尊敬的蘇格蘭釀酒師拔刀相助製作了這些酒，但雷迪克．凱坦公司繼續以自己的方式進行探索和創新。

精選桶和雙桶威士忌價值不菲，但他們最近推出的阿薩瓦威士忌出色地融合了舊世界單一麥芽威士忌的傳統和獨特的印度傳統。雖然沒有透露熟成時間，不過阿薩瓦大約三分之二的生命時間是在美國波本酒桶中熟成的，然後在印度卡本內蘇維濃酒桶中完成陳釀（印度自青銅時代起就開始釀酒，但沒有多少酒流出國門）。

酒精度為45%，未經冷凍過濾，這不僅僅是「好」而已。

品飲筆記

色澤		**嗅覺**	
味覺		**餘韻**	

84

製造商	愛爾蘭酒廠有限公司（保樂力加旗下公司） Irish Distillers Ltd（Pernod Ricard）
酒廠	科克郡的米德爾頓酒廠 Midleton, County Cork
遊客中心	有
哪裡買	銷售點遍布全球
網址	www.redbreastwhisky.com
價格	

產地

年分

評鑑

紅馥知更鳥（Redbreast）

12年（Aged 12 Years）

各位在前面（第16款）讀到過愛爾蘭酒廠有限公司的「點、波」（Spot）系列，好消息是它們比以前更容易找到了！不過，要是紅馥知更鳥威士忌已經飛出了巢穴，它們還能帶來許多令人興奮的可能——甚至透過它們的「舵手餵鳥瓶專案」（Project Wingman Bird Feeder Bottles）支持野生鳥類，收益將捐獻給國際鳥類生命協會。他們希望籌集到超過七萬歐元的資金，這數目可不小！

同樣，這也是一款愛爾蘭壺式蒸餾威士忌，雖然在第一次世界大戰前有一種「紅馥知更鳥」利口酒威士忌（Redbreast' J. J. Liqueur Whiskey），但它是由都柏林最初的尊美醇酒廠生產，並由W. & A.．蓋爾比裝瓶。但在尊美醇酒廠於一九七一年關閉後，庫存最終售罄，該品牌也被撤銷。然而，愛爾蘭酒廠有限公司注意到壺式蒸餾威士忌的不朽，以及單一麥芽蘇格蘭威士忌的興起，最終決定投資這個迄今為止已經奄奄一息的威士忌類別，並於一九九一年重新推出了紅馥知更鳥12年陳釀威士忌，現今則是在巨大的米德爾頓蒸餾複合式建築物園區進行蒸餾。

紅馥知更鳥12年陳釀威士忌有口皆碑，尤其是已故的天王麥可．傑克遜對它頌揚備至！事實上，大家對這款威士忌的反應非常熱烈，現在各位有這些選擇——盧世濤酒廠版（Lustau Edition，它是雪莉桶過桶熟成的）、12年原桶強度，年分有15、21以及27年的（售價超過四百英鎊，價格不便宜），現在偶爾會有一些一次性限量版威士忌會被搶購一空，甚至還有與鮑伯．狄倫（Bob Dylan，美國創作歌手、藝術家和作家）合作的天堂之門（Heaven's Door）系列。

如今，愛爾蘭酒廠有限公司隸屬於威士忌巨擘保樂力加集團旗下的公司，而且非常重視蒸餾作業，各位可以參觀位於科克郡附近的該酒廠，並造訪他們位於不再生產的舊酒廠內的博物館和遊客中心。真正的蒸餾作業在大家視線之外的現代化工廠裡進行，但這裡有一系列引人注意的出色蒸餾器，生產包括琴酒和伏特加在內的各種烈酒，遺憾的是各位看不到，一方面是它總是在擴展。此外，它還是一個一望無際的酒窖複合式建築物園區所在地，說不定從月球上還可以眺望到它喔！

品飲筆記

色澤 .... 嗅覺 ....

味覺 .... 餘韻 ....

85

製造商	米歐爾釀酒集團 J. & A. Mitchell & Co. Ltd
酒廠	亞蓋爾-標特區坎培爾城的 雲頂酒廠 Springbank, Campbeltown, Argyll & Bute
遊客中心	有
哪裡買	專賣店
網址	www.springbank.com
價格	

產地

年分

評鑑

雲頂（Springbank）

10年陳釀（Aged 10 Years）

很少有酒廠能真正稱得上「最具有代表性」，但雲頂卻是其中之一！不過，我偶爾也會感到沮喪，好比今天，我剛剛在某個網站上發現了一款我清楚記得品味過的威士忌〔它是坎培爾鎮一九六六（Local Barley 1966）〕，售價為一萬五千英鎊！我買車的價格都比這還低呀！實際上，現在只要三瓶威士忌，就能在坎貝爾敦買到一個有四個房間的房子了，不過須要喝一杯烈酒才能考慮！

由此可見，該鎮並不完全是一個富裕的中心。然而，儘管現在很難相信，但它曾經是蘇格蘭首屈一指最重要、最受尊敬的蒸餾中心，只是多年來，由於種種原因，它逐漸衰落，直到只剩下一家真正活躍的酒廠——雲頂，而它其實並沒有那麼活躍。

它有點不合時宜，它是歷史奇蹟，古怪、頑固又獨立，而且幾乎故意反對變革，這樣的它在七〇和八〇年代奮戰著掙扎求生。一九八七年時，已故的麥可．傑克遜感慨萬千地留下這些話：「雲頂這間非常傳統的酒廠已經好幾年都沒有生產了」！但最終，它開始得到幾乎是神話般的一種崇拜，由於它偏遠的地理位置和雲頂酒廠反常、如隱士一樣不願意受到社會大眾的關注，竟大大提升了它的地位！然而，麥可一宣傳，反倒幫了它一把，雲頂酒廠的名聲遂慢慢傳開來！

雲頂酒廠仍然是傳統的——就像步入維多利亞時代的蒸餾教科書——雲頂酒廠堅持不常見的2.5次蒸餾過程。我甚至一點都不想去解釋它這種過程！再加上手工鋪地發芽製造、未經過冷凍過濾或添加色素，以及勞力密集生產，這些都顯示出雲頂是首屈一指最傳統的蘇格蘭威士忌——也正因為如此，它的口感更佳！

近年來，雲頂酒廠蓬勃發展，它的廠長甚至大膽開設了一家新酒廠——齊克倫（Kilkerran）。雲頂酒廠生產一系列風格迴異的葡萄酒，而且天差地別〔比方說加了泥煤的朗格羅泥煤（Longrow Peated）〕，但這是雲頂酒廠標準的產品！這是一款「必備」威士忌（如果有所謂的必備），不過令人討厭的是它很難找到！顯然這個消息已經傳開了啊！

品飲筆記

色澤 ________ 嗅覺 ________

味覺 ________ 餘韻 ________

86

製造商	新世界威士忌釀酒廠 New World Whisky Distillery Pty Ltd
酒廠	墨爾本市的新世界酒廠 New World, Melbourne
遊客中心	有
哪裡買	專賣店
網址	www.starward.com.au
價格	

產地

年分

評鑑

星向（Starward）

新星（Nova）

信不信由你，大約一百年前，澳洲曾有過相當規模的蒸餾酒業，威士忌是很時興的，說不定是因為蘇格蘭僑民把這種口味帶進來的緣故，但當時也有一場聲勢浩大的禁酒運動，直到最近，澳洲威士忌都並未真的成為一門大生意！不過，塔斯馬尼亞州（Tasmania）一個充滿活力的小規模威士忌業者贏得了令人羨慕的聲譽，其他業者也紛紛效仿，並且擴大規模。

如今，雖然可以說澳洲啤酒更廣為人知，不過，澳洲威士忌已悄悄在全球市場占有一席之地——儘管當地的需求代表出口量會是有限的——其中一個原因就是像星向這樣的威士忌。它在二〇〇九年首次上市，不過聲譽卻如雷貫耳！新世界威士忌公司總部位於澳洲的美食之都墨爾本，在生產威士忌方面，他們採取了一種不跟隨時尚主流、有時甚至是不羈的方式，特別是他們率先使用澳洲葡萄酒桶，甚至還嘗試了薑汁啤酒桶過桶。

這家成熟的威士忌業者在發現競爭對手方面從不懈怠，而且星向最近的大幅擴張就是由帝亞吉歐創業投資基金的投資所啟動的。靠著他們的資金、人脈和專業知識，星向增加了產量，並開設了遊客中心。各位可能會認為帝亞吉歐自己的酒廠已經夠多了，不過我認為，多入股一家酒廠也無妨！

無論如何，產量增加的意思代表會有更多的威士忌用在出口上，效率提升就是指價格自產品最初推出以來開始下降，而且由於星向不停歇的嘗試，他們已經開發出更多的威士忌系列。

我喜歡他們的蘇羅拉風格，它是用澳洲大麥製成的，並在雪莉（apera）*44桶中熟成，「apera」在過去那些不如意的歲月裡被稱為「澳洲雪莉酒」。好吧！從那時起，我們已經走過了漫長的道路，各位也可以嘗試他們的甜美（Dolce）、茶色（Tawny）或黑暗（Fortis）口味，但要開始了解星向，沒有什麼會比從新星去了解更恰當的了！他們將這款威士忌形容成他們的「經典單一麥芽威士忌」——這款威士忌摘下了一籮筐的金牌獎，含41%酒精濃度的全瓶售價不到四十英鎊，它真是一款超棒的威士忌呀！

品飲筆記

色澤 ________ 嗅覺 ________

味覺 ________ 餘韻 ________

87

製造商	金賓三得利 Beam Suntory
酒廠	不適用，這是一款調和威士忌
遊客中心	三得利山崎和白州釀酒廠的中心
哪裡買	專賣店
網址	www.suntory.com
價格	

產地

年分

評鑑

三得利威士忌

季

近年來，一度受到鄙視的日本威士忌搖身一變，風靡大街小巷，價格也跟著水漲船高！因此，儘管其中許多款威士忌都非常出色，但找到真的物超所值且每天都能買得起的，還真是難倒我了——特別是假如各位想要真正在日本蒸餾的原汁原味日本威士忌（請參閱一甲單桶原酒威士忌——第78款）！

不過，三得利的季威士忌是安全之選！它是被派來扭轉乾坤、推廣高球雞尾酒的黃金拍檔威士忌——順便說一句，讓帝王威士忌名聲大噪的靈魂人物湯米·杜瓦爾（Tommy Dewar）隆重宣布是他自己發明了這種雞尾酒。假若各位不太清楚高球雞尾酒是什麼，它本質上就是威士忌加上蘇打水。不過，過去這十年來，各位是住在什麼地方啊？高球雞尾酒已經在時尚酒吧風行了十多年啊！它也是讓威士忌重返國民飲料舞臺的功臣。

現在各位可能會想，威士忌加蘇打水……這有什麼特別的？我覺得沒什麼特別的啦……但是，假使能由功力高超的調酒師正確地調製和斟酒，它就會是一樣非常簡單、快樂和美妙的好東西！請查看三得利網站上的影片，以了解高球雞尾酒的微妙以及奧妙之處！

或者，各位會發現酒吧裡有一臺自動供應高球雞尾酒的機器，雖然這些機器就像超市裡的自助收銀機一樣，不會讓人有多大的樂趣，不過它們卻愈來愈流行！但至少它們的服務品質是一致的，而且冰塊非常冰，這是保持蘇打水發泡和清爽的關鍵，除了酒精含量較低之外，這也是高球雞尾酒的一大魅力所在！

季本身是調和勾兌自白州與山崎麥芽威士忌，加上很大比例的知多穀物威士忌的調和威士忌。其中的知多穀物威士忌是重要成分，而不是基底。這款威士忌最初看起來很簡單，但它的複雜性會隨著時間而演變。

作為日本威士忌的入門酒以及推廣一些絕妙的冰鎮飲品，選擇季準沒錯！不過，要調製完美的雞尾酒，需要有一個大冰球——它曾經是時尚雞尾酒吧才有的，現在各位可以用一個簡單的矽模具輕鬆製作自己的冰球。它們看起來顏值滿分，季威士忌的味道也令人回味無窮！

品飲筆記

色澤		嗅覺	
味覺		餘韻	

88

製造商	帝亞吉歐集團 Diageo
酒廠	天空島的泰斯卡酒廠 Talisker, Isle of Skye
遊客中心	有
哪裡買	銷售點遍布全球
網址	www.malts.com
價格	

產地

年分

評鑑

泰斯卡（Talisker）

10年陳釀（Aged 10 Years）

作為帝亞吉歐的另一款原創經典麥芽威士忌系列，泰斯卡長期以來因其大膽、前衛、毫不妥協的口味而素負盛名！就像這裡推薦的許多威士忌一樣，它確實是一個非常強而有力的產品！

就我個人而言，泰斯卡威士忌不是我的最愛，但不可否認的是，不少人都喜歡這款威士忌，而且一旦嘗試過這種風格的威士忌，就絕對會愛上它——在這種情況下，要是各位參觀了泰斯卡酒廠，然後漫步上山，來到附近的牡蠣棚，用剛剛吃下的美味軟體動物的殼來小酌泰斯卡，就會對這款威士忌更加難以自拔了！眾所周知，這時候我會硬嚥下一、兩滴啦！

在應有盡有的不同版本中，我推薦「標準」10年威士忌，接下來大家還可以選擇18年陳釀，以及沒有年分的改造版泰斯可風暴（Storm），或者眾多限量發行版威士忌的其中一款；或美味的波特港桶威士忌（Port Ruighe），波特酒桶過桶熟成會使這款威士忌風味變得柔和一些。或者，要是各位剛中了樂透彩，那麼這款泰斯卡X系列43年限量原酒可能會讓你心動，它的售價是三千五百英鎊。我無法告訴你關於這款酒的資訊！甚至搞不清楚那個不見了的「E」到底發生什麼事了！

泰斯卡的應援團由來已久。埃涅阿斯．麥克唐納（Aeneas MacDonald）在他非常重要且極具影響力的《Whiskey》（暫譯，威士忌，一九三〇出版）一書中，讓泰斯卡去跟克里尼利基（Clynelish）較量一番，以將泰斯卡列入他的十二款最傑出高地威士忌名單中——確實是一位重要的早期威士忌作家給予的高度讚揚！

直到最近，泰斯卡還是天空島上唯一的酒廠（也是僅此一家合法的酒廠），但最近又有兩家小型琴酒生產商和令人印象深刻的圖拉貝格（Torabhaig）酒廠加入了它的行列。泰斯卡品牌的人員大肆宣揚它是「由海洋打造」的，但我始終不明白這其中的關聯，因為泰斯卡威士忌並不是在大海裡熟成的！不過，由於泰斯卡酒廠與令人欽佩的非營利性組織「為海洋而戰」（Parley for the Oceans）攜手竭力「恢復海洋原生環境」，因此泰斯卡的添枝加葉是可以被原諒的。

尤其是自本書第一版出版以來，泰斯卡威士忌的價格並沒有真正上漲，沒有多少威士忌可以做到這點！

品飲筆記

色澤 .... **嗅覺** ....

味覺 .... **餘韻** ....

89

製造商	麥立得酒廠集團 Ian Macleod Distillers Ltd
酒廠	班夫郡納坎度村的坦杜酒廠 Tamdhu, Knockando, Banffshire
遊客中心	無
哪裡買	專賣店
網址	www.tamdhu.com
價格	

產地

年分

評鑑

坦杜（Tamdhu）

批次原酒（Batch Strength）

要是各位夢寐以求這種採用雪莉桶原酒的斯佩塞區威士忌（就像麥卡倫或格蘭花格一樣，請參閱第42款），坦杜是值得一試的選擇！它相對無名，我認為它沒有得到足夠的重視，雖然如此，它仍然值得各位關注。

大家普遍對它不感興趣可能是由於它多災多難的歷史造成的——坦杜於一八九七年崛起，當時正值維多利亞時代威士忌熱潮的末期，在原廠長的經營下，它開了又關、再開再關，直到二〇一〇年才最終停業。這很奇怪，因為當時威士忌的回溫復甦已經開始，但顯然他們有其他優先事項。

坦杜酒廠需要有金主大量投資，因此它被賣給了麥立得酒廠集團，這是蘇格蘭一家獨立的小公司，該公司還擁有格蘭哥尼酒廠（請參閱第45款）——它幾年前向愛丁頓集團手中買下收購了該酒廠——它同時也在修復玫瑰河畔（Rosebank）酒廠（儘管修復速度相當緩慢）。麥立得酒廠集團重新啟用以及翻新了坦杜，並於二〇一三年重新開放。在此之前，坦杜威士忌主要用於調配，但隨著坦杜酒廠設立，一些極品雪利酒桶也值得作為單一麥芽威士忌推出。如今，坦杜酒廠自豪地宣稱自己是唯一一家完全使用澳羅洛梭（oloroso）雪利酒桶熟成威士忌的酒廠。

迄今為止，他們已經推出了10年、12年和15年窖藏威士忌以及一些限量版產品，這些威士忌都是陳年佳釀！甚至還有一百瓶50年的陳釀威士忌！雖然聽起來很遺憾而且很不禮貌，但我不覺得對它有所心動，而且認為它陳年過度、味如嚼木又不平衡（不好意思啊！要是這樣講顯得我很不知好歹，但平心而論，它的包裝非常精美啦），倘若各位好奇，說不定燒掉一萬五千英鎊左右之後，還能買到一瓶它這款威士忌。

但我就不在乎那些！總而言之，我會選擇這款原桶強度版的桶裝威士忌，其中第六批於二〇二一年八月推出，它的裝瓶酒精濃度約為56%，比標準濃度更高一等。它的色澤更鮮艷、口感更醇厚、衝擊力更強！自從我上次推薦這款威士忌以來，雖然它的價格略微上漲，不過加上它相當醒目的包裝和引人入勝的有趣故事，這款威士忌的確有這價值。

遺憾的是，坦杜酒廠仍然沒有遊客中心，這可能也是這家酒廠相對名氣較小的原因之一。但無論如何，各位還是要去試試！

品飲筆記

色澤 ________ 嗅覺 ________

味覺 ________ 餘韻 ________

90

製造商	天頂威士忌公司 Teeling Whiskey Company
酒廠	都柏林的天頂酒廠 Teeling, Dublin
遊客中心	有
哪裡買	專賣店
網址	www.teelingwhiskey.com
價格	

產地

年分

評鑑

天頂（Teeling）

名仕（Small Batch）

天頂家族是重現愛爾蘭威士忌榮耀與輝煌的關鍵角色，甚至可以被視為蒸餾貴族！他們在都柏林的蒸餾傳統可以追溯到八〇年代，當時他們的某位祖先在利伯提斯（The Liberties）區（比東倫敦更時尚的地區，各位就能大致了解）是威士忌圈的大咖，我不知道我的家族當時在做什麼——說不定在偷羊吧！

然而，在天頂家族再度回歸蒸餾酒歷史之前，有一段長達兩百年的空窗期，一九八七年，商人約翰・蒂林（John Teeling）創立了庫利酒廠（Cooley Distillery），他的兒子傑克和史蒂芬一直在家族企業工作，直到不久後，該酒廠二〇一二年被金賓酒業集團（Beam）收購。這個家庭有創業魂，一家人待在同一間公司的生活顯然無法吸引他們，沒過多久，他們大家就各起爐灶了。約翰・蒂林現在經營大北方酒廠（Great Northern Distillery），為散裝和第三方市場生產大量威士忌，他的兒子則回到利伯提斯區建造他們的酒廠——這是一百二十五年來都柏林的第一家新酒廠，不過後來也有其他酒廠相繼跟著興建。

從一些精挑細選的協力廠商裝瓶開始，天頂酒廠現在投入生產，並提供他們自己的一系列五花八門威士忌，包括穀物威士忌、愛爾蘭壺式蒸餾威士忌和單一麥芽威士忌、這款名仕威士忌和強大的教父系列（Brabazon）威士忌（不過我不確定我是否會用一架失敗的客機*45來命名我的威士忌）。

天頂酒廠堅持不懈進行產品開發，並以往鑒來，加上運用他們豐富的生產專業知識，採取了非常合理的定價政策，以吸引新客戶光顧他們的品牌並蒞臨該酒廠熱鬧的遊客中心。他們的新思維和創新為愛爾蘭的蒸餾酒業帶來了活力，我還沒有品嘗過有他們的尊貴名字又不那麼優質的瓶裝酒。

這款酒精濃度為46%的小批次上市威士忌，大家買到賺到！蘭姆酒桶過桶熟成為這款未經冷凍過濾的威士忌增添了令人愉悅的甜味，據說這款威士忌與其他威士忌相比，麥芽與穀物的比例高於正常水準！我猜想，他們的曾曾曾祖父（不管他是什麼人）會非常高興自己的名字出現在威士忌標籤上。我就會啊！

品飲筆記

色澤		**嗅覺**	
味覺		**餘韻**	

91

製造商	泰倫貝利 Teerenpeli
酒廠	拉赫蒂市的泰倫貝利酒廠 Teerenpeli, Lahti
遊客中心	有
哪裡買	專賣店
網址	www.teerenpeli.com
價格	 

產地

年分

評鑑

泰倫貝利（Teerenpeli）

庫洛（Kulo）

這是一種多麼偉大的語言啊！它給我們帶來了nousuhumala（芬蘭語，指醉酒後欣喜若狂的初始階段，血液中的酒精含量迅速上升），或者，在夜幕低垂時，讓我們有種愉快地酩酊大醉的感覺；而在稍後，一旦只想打架或嘔吐，這時又給我們帶來了laskuhumala（芬蘭語，指感覺藥效已過、崩潰瓦解；酒精中毒的最後階段，血液中酒精濃度下降。），我們都有過這樣的體驗。

teerenpeli的意思是「調情」或「調戲」，這款威士忌可一點也不調情——它製作精良，包裝精美，值得一試！

隨著芬蘭小規模蒸餾酒業遍地開花，這恰恰說明了威士忌能夠不斷讓我們所有人心花怒放、樂不可支！泰倫貝利是芬蘭的威士忌先驅企業，於二〇〇二年開始生產，一切都上軌道，因此他們二〇一五年時擴大了規模，現在與同屬一個家族所有的酒廠共用一個場址，年產量超過十萬公升，但依舊它在當地膾炙人口，所以大部分產品都留在了芬蘭。這款酒在英國供應據點零零散散、供應量不完善。不過有一款前澳羅洛梭（oloroso）桶裝的改造版已由精品威士忌公司（That Boutique-y Whisky Company）裝瓶，透過麥芽大師進行銷售。

不過，要是各位想嘗試，可能可以在更好的專家那裡找到他們的10年單一麥芽威士忌或很亮眼搶手的卡斯奇（Kaski），他們還有一種帶有泥煤味的改造版威士忌，名為薩武（Savu），以及最近推出的庫洛（Kulo）。這種威士忌在雪利酒桶中存放了七年，裝瓶酒精濃度超過50%，這款威士忌口感豐富且濃郁，充分說明了優質木材以及前澳羅洛梭與前佩德羅．希梅內斯雪利酒桶能讓威士忌變成香醇美酒，特別是佩德羅．希梅內斯雪利酒帶來的葡萄乾甜味，口感令人豎起大拇指！

不可避免的是，他們的威士忌並不便宜，但也不會讓人失望。在過去十年的大部分時間裡，我一直沒完沒了提到他們，因此當他們被極具影響力的國際葡萄酒暨烈酒競賽評為二〇二〇年全球威士忌生產商時，我整個人歡天喜地！對於一家位於歷史上與威士忌並無關聯的國家而且蓋在偏遠地區的小型酒廠來說，這是一項奇妙的、完全合理的榮譽——入圍名單中包括金車噶瑪蘭威士忌（參賽作品第58款）和美國的賽澤瑞克（Sazerac）等知名酒廠。

相信我，你會喜歡它的！

品飲筆記

色澤 .... **嗅覺** ....

味覺 .... **餘韻** ....

92

製造商	邦史都華股份有限公司 Burn Stewart Distillers Ltd
酒廠	馬爾島的托本莫瑞酒廠 Tobermory, Isle of Mull
遊客中心	有
哪裡買	專賣店
網址	www.tobermorydistillery.com
價格	

產地

年分

評鑑

托本莫瑞（Tobermory）

12年陳釀（Aged 12 Years）

假如各位在千禧年初育有年紀小的子女，就會知道托本莫瑞——《巴拉莫里》（Balamory，真人兒童節目）電視連續劇就是以它為背景拍攝的。不過，由於某些難以理解的原因，劇中人物並沒有以酒廠經理為主角，但這就是適合闔家觀賞的英國廣播公司（BBC）無誤啊！

我一直認為，托伯莫瑞酒廠這個點子，有一種無可否認的浪漫色彩——首先，它位於赫布里底群島（Hebridean island）上；其次，它規模小，一直在與反覆無常的廠主鬥爭中求生存。該酒廠一七九八年成立，一度「沉寂」很長一段時間，在一九七〇年代兩度復甦活躍過，後來又受到房地產開發的威脅，直到一九九三年才最終被邦史都華股份有限公司收購，很久以前，我也想買下它，但那是另一個故事了。

當時，不少威士忌都是用托本莫瑞和里爵（Ledaig，泥煤風味）的名稱交替銷售的——該怎麼説比較好呢？它們的品質參差不齊！坦白説，好的時候還可以，差的時候就令人頭皮發麻！不過，過去幾年來倒都是帶來了不錯的消息！

我們現在品飲的這款托本莫瑞威士忌，是由他們忠誠的老當家，具有傳統思想的伊恩・麥克米蘭〔Ian McMillan，當時邦史都華的首席調酒師，也是一位狂熱分子（從好的方面來説）〕的指導下蒸餾而成的，而托本莫瑞的品質則提升了不少。他後來離開了托本莫瑞酒廠，但留下了一分令人印象深刻的遺產，而現在的團隊正在將這分遺產發揚光大！托本莫瑞酒廠經理卡拉・吉爾伯特（Cara Gilbert）則是威士忌產業中屈指可數的女力經理之一，也是首屈一指最年輕的經理，她現在也在製作琴酒（這是一家「有著手工技藝的工匠酒廠」，所以她當然也在製作琴酒，毫無疑問，在製作過程中，她也是滿腔熱情的）。

遺憾的是，15年陳釀的存貨已經全耗光了！但我們可以熱烈歡迎這款12年陳釀威士忌！這款酒或許不像它的老大哥那樣濃重，它是這家酒廠帶著清新、果味濃郁風格的一款威士忌，可以説，托本莫瑞酒廠現在生產著它悠久歷史中的最佳威士忌了！

它美觀的瓶子和不俗的外盒，正如各位對這個江山如畫的地方所期待的那樣，我衷心推薦大家去托本莫瑞酒廠參觀——事實上，我剛剛訂了要去馬爾島渡假！

品飲筆記

色澤 ………… 嗅覺 …………

味覺 ………… 餘韻 …………

93

製造商	托拉拜格酒廠有限公司 Torabhaig Distillery Ltd
酒廠	天空島的斯萊特半島暨教區的 托拉拜格酒廠 Torabhaig, Sleat, Isle of Skye
遊客中心	有
哪裡買	專賣店
網址	www.torabhaig.com
價格	

產地

年分

評鑑

托拉拜格（Torabhaig）

傳承系列（The Legacy Series）

我想，要想建造托拉拜格酒廠，必須既富有又古怪！不幸的是，這個造廠計劃的最初提議人伊恩．諾布爾爵士（Sir Iain Noble）雖然完全符合後面這種人格特質，但他卻卻資金短絀。這些令人愉悅的二〇年代建築要再重現生機，似乎是機會渺茫。

但另一位王國的爵士登場了——瑞典億萬富翁小弗雷德里克．保爾森爵士（Sir Frederick Paulsen Jr）。他既是一位大富豪、又不反對異想天開的挑戰，任何一個人，只要他能夠往下14,196英尺到達北冰洋海底、駕駛微型輕型飛機穿越白令海峽*46，挖出冰凍的猛獁象並負擔把南喬治亞島鼠群消滅的費用，無疑可以把修復歷史保護建築，在原本為牲畜設計的狹窄空間裡塞進一個年產五十萬公升的酒廠、聘請一支經驗豐富的團隊、開發和推出一個新的威士忌品牌等可能超過一千萬英鎊的開銷，視為一個無關緊要的問題來處理，同時他即便一邊喝著早晨的卡布奇諾，一邊駕駛F1賽車，都可以勝任這分工作。

然而，正如法蘭西斯．史考特．基．費茲傑羅（F. Scott Fitzgerald）所觀察到的那樣：「富可敵國啊……跟你我都不同！」但是，多虧了小弗雷德里克爵士（以及他經驗豐富的團隊），托拉拜格酒廠得以生存，並生產出一些引人注目的威士忌。可是，這些威士忌並不容易找到，因為二〇二一年首次推出的版本幾乎立即售罄！不過，我可以說明的是，托拉拜格酒廠已經實現了追求溫和泥煤風味的目標，目前有四十多種不同類型的托拉拜格烈酒在波特酒、馬德拉酒、干邑白蘭地、蘇玳葡萄酒、波爾多葡萄酒和歐洲處女桶中熟成，這些橡木桶容量從兩百公升到五百公升不等，在鋪地式、上貨架和裝托盤的倉庫中，種類應該綽綽有餘到即使是遇到威士忌之神狄俄尼索斯．布羅米奧斯（Dionysos Bromios）最忠實的追隨者，也能滿足他們的需求！或者，那些威士忌「投資」界裡的炒作者和投機者，也是可以被寬恕的啦！

我對興建托拉拜格酒廠一事感到驚訝，不過對於它能建造起來，我還是高興到了極點！

品飲筆記

色澤 ……………… 嗅覺 ………………

味覺 ……………… 餘韻 ………………

94

製造商	格蘭菲迪酒廠 William Grant & Sons Distillers Ltd
酒廠	奧法利郡塔拉莫爾鎮 Tullamore, County Offaly
遊客中心	有
哪裡買	銷售點遍布全球
網址	www.tullamoredew.com
價格	

產地

年分

評鑑

愛爾蘭之最（Tullamore D.E.W.）

經典調和威士忌（Irish Whiskey）

Begorrah！（哇嗚）這款威士忌好便宜呀！它是一瓶包裝精美的愛爾蘭威士忌，事實上是在標籤上標明的酒廠製造的（很可惜，出現在這本書裡的威士忌倒不一定全都是這樣），價格還不到二十五英鎊，它會好喝嗎？

好吧，多年來，愛爾蘭威士忌一直勢如破竹、銳不可當！以格蘭菲迪酒廠為例，該公司噴了數百萬美元，在塔拉莫爾鎮郊外打造了一座相當引人注目、專門建造的最先進酒廠、酒窖和裝瓶複合式建築物園區，並於二〇二二年初，在該場址裡增設了一座遊客中心。

這是一個嚴肅的行業，格蘭是嚴肅的威士忌行家，所以毫無疑問，儘管這款威士忌要求不高，但還是非常令人愉悅的，這樣降價很恰當啊！各位總是希望自己手上的威士忌非得讓你錢包變瘦、耗費很多時間和精力不可嗎？有時各位只想與朋友舉杯暢飲，而不必擔心或嚴肅地討論杯中物是什麼，而且，每次在斟上一杯威士忌時，也不必為了要砸掉多少銀子而心驚肉跳（尤其是幫朋友倒酒時），這樣很好啊！

說不定正因為如此，愛爾蘭之最本身實際上是繼尊美醇之後，最暢銷的愛爾蘭威士忌！它在一些東歐市場上更是排名第一！尊美醇在極其重要的美國市場稱王稱霸，但可以肯定的是，格蘭菲迪酒廠在美國市場也有遠大的抱負！

實際上，各位可以不費吹灰之力、以完全可以接受的價格換到一些12、14甚至18年的陳年威士忌，或者探索一些創新的過桶熟成，好比蘭姆酒或蘋果風味桶，後面這種風格是蘇格蘭威士忌酒廠不被允許嘗試的！這也是非正式品酒會的一個有趣討論點。總之，愛爾蘭之最以一種直截了當、平易近人的方式，展示出愛爾蘭威士忌兼具品質與價值！

附言：這不是「dew」（露水），就像在一個溫柔的早晨，愛爾蘭草地上甜美的青草凝結的水滴那樣，沒有那麼詩意，這只是丹尼爾・埃德蒙・威廉姆斯（Daniel Edmund Williams）名字的第一個字母縮寫，他當年從馬童晉升為酒廠老闆。

品飲筆記

色澤 .... 嗅覺 ....
味覺 .... 餘韻 ....

95

製造商	革命家蘭姆酒愛爾蘭沃特福威士忌酒廠 Renegade's Waterford Distillery Ltd
酒廠	沃特福郡格拉坦碼頭沃特福酒廠 Waterford, Grattan Quay, Waterford
遊客中心	無，可預約參觀
哪裡買	專賣店
網址	www.waterfordwhisky.com
價格	

產地

年分

評鑑

沃特福（Waterford）
生物動力法月神威士忌（Biodynamic Luna 1.1）

這裡有號稱世界上第一款生物動力威士忌，以及一家致力於風土概念的酒廠——或者他們稱它為「téireoir」，這是從葡萄酒來的一個術語——大致來說，是指不同大麥品種、微氣候*47和土壤對烈酒特性的影響。在威士忌中，圍繞風土的使用存在著一定的爭議，不少釀酒師堅持認為，用於熟成桶子裡新製作的酒的酒桶要重要得多——這就是為什麼各位會讀到這麼多關於木桶和不同餘韻的文章。

但沃特福威士忌製作專案的幕後推手馬克．尼耶（Mark Reynier）曾經在布赫拉迪（Bruichladdich）工作，又出身於葡萄酒行業，他對風土的重要性深信不疑，並決心證明風土的重要性，因此，在二〇一五年，在眾多以前投資者的力挺下，他買下了一家前啤酒廠，把它最先進的設備改造成一家釀酒廠，生產能證明他理論的威士忌。

今天，我們可以從令人目眩神迷的瓶裝產品中自行判斷，這些瓶裝威士忌分別被標示成「單一農場起源系列」（Single Farm Origin）「桃花源系列」（Arcadian Series）與「交響曲系列」（Cuvées）。造訪這個無所不包的網站的威士忌怪才，或毫無目的但又求知慾旺盛的人，會沉浸在它洞燭入微的內容裡，閱讀嚴肅的「評論」（普羅大眾會稱之為「部落格」，但這個用詞無法傳達出這裡的目的有多強烈）並了解他們在九十七個不同的愛爾蘭農場裡，從十九種判若天淵的土壤類型中採購大麥（有些是有機大麥、有些是生物動力法大麥）。

正如各位所想像的那樣，這需要一個相當完善的管理資訊系統，來追蹤每位農夫的作物從收割、貯存、發芽、蒸餾到裝瓶的各個環節，以掌握住各種作物不同的特性。在品嘗過幾款威士忌後，我對風土深信不疑！而且會研究每個紙箱上的風土代碼，這些代碼可以查看地圖、收成、種植者和蒸餾的詳細資訊以及完整的酒桶歷史。

儘管可以購買一套迷你版的品嘗套裝，但因為改造版簡直是不可勝數，所以幾乎不可能推薦任何一款農場起源的瓶裝威士忌，不過桃花源系列的生物動力法月神威士忌非常簡明扼要地演繹了沃特福酒廠的風格，絕對是一款有個性的威士忌！

品飲筆記

色澤 .... **嗅覺** ....

味覺 .... **餘韻** ....

96

製造商	愛爾蘭威斯克酒廠有限公司 West Cork Distillers Ltd
酒廠	科克郡斯基伯林鎮的威斯克酒廠 West Cork, Skibbereen, County Cork
遊客中心	正在開發中
哪裡買	專賣店
網址	www.westcorkdistillers.com
價格	

產地

年分

評鑑

威斯克（West Cork）

沼澤橡木炙燒桶（Bog Oak Charred Cask）

目前愛爾蘭威士忌市場行情蓬勃發展，威士忌年產量達到四百五十萬公升威士忌，我們卻很少聽說關於威斯克酒廠的事——這真是匪夷所思！該公司二〇〇三年在某人家裡的密室裡成立，但在自有品牌、一些琴酒和協力廠商生產的支持下，公司業務的發展一日千里！儘管如此，他們仍然保持著低調，當然也不會像其他相對較新的企業那樣動不動就自吹自擂。

儘管如此，這仍然是個不折不扣的白手起家故事！而且愛爾蘭這個地區的就業機會並不多，這對緊密團結的當地社區來說是個好消息！食品科學家約翰．奧康奈爾博士（Dr John O'Connell）以及他的堂／表兄弟杰拉德．麥卡錫和丹尼斯．麥卡錫（他們兩位都是深海漁民）第一次設置他們的二手小型瑞士烈酒蒸餾器時並不符合經濟效益，因此我們真該向他們篳路藍縷的開拓精神致敬！他們甚至搬出老舊的家用鍋爐，很克難地打造了一臺「火箭」，據說這臺火箭是當時世界上最快的蒸餾器。

隨後，英國哈里伍德集團（Halewood Group）投資了威斯克酒廠。二〇一四年時，該酒廠搬到了斯基伯林鎮的市場街，該酒廠在這裡占地十二．五英畝的土地上營運。哈里伍德集團被愛爾蘭納稅人收購，並於二〇一九年九月出資一千八百萬歐元，以保持愛爾蘭的經營權。遊客可以過去參觀，他們的遊客中心正在開發中。

那麼威斯克酒廠的威士忌如何？除了非常合理的零售價格之外，他們的威士忌酒桶俱樂部（Whiskey Cask Club）提供表面上我見過最好的私人酒桶購買優惠！四海之內，都有無威斯克威士忌不歡的威斯克之友！這一點體現了這家企業的社區意識。

威斯克威士忌多樣且富創意，其中包括相當多不同尋常的過桶熟成風味桶。在他們包羅萬象的產品系列中，最讓我魂牽夢縈的是這款沼澤橡木炙燒桶！這是一款經過三重蒸餾的單一麥芽愛爾蘭威士忌，在雪利酒桶中熟成，然後在當地收成的格倫加里夫（Glengarriff）沼澤橡木炙燒桶中，再陳釀四到六個月。

品飲筆記

色澤　　　　**嗅覺**

味覺　　　　**餘韻**

97

製造商	韋斯特蘭酒廠股份有限公司 （人頭馬君度旗下酒廠） The Westland Distillery Company Ltd
酒廠	華盛頓州西雅圖市韋斯特蘭酒廠 Westland, Seattle, Washington
遊客中心	有
哪裡買	專賣店
網址	www.westlanddistillery.com
價格	

產地

年分

評鑑

韋斯特蘭（Westland）

美國橡木桶（American Oak）

韋斯特蘭酒廠二〇一〇年成立，二〇一六年勇奪《威士忌》雜誌每年評選一次的「威士忌行業大賞」中的「年度最佳工藝生產商」肯定，因此，它絕對是美國單一麥芽威士忌的第一把交椅，然而如今它也加入了「精釀手工」酒廠的行列，屈服於大公司的哄騙誘惑。以這個案例來說，最終韋斯特蘭酒廠花落人頭馬君度家，公平地說 ，事實證明人頭馬君度的老闆，對自己旗下的布萊迪酒廠很仁慈；但是，我的天哪！就像艾雷島上的人一樣，韋斯特蘭酒廠也很認真嚴肅地對待自己——他們有個令人擔心的「哲學」態度，而且可以在他們的網站上找到讓威士忌愛好者欣喜若狂的細節。假如各位想知道韋斯特蘭酒廠製作威士忌的糖化熱水的溫度（誰不想知道呢），他們酒廠的網站上就有資料（直接公布是攝氏六十九度，幫各位省時間）。

事實上，假如我在設計一個酒廠，我可能會替自己省去一大票繁瑣的規劃工作的麻煩，只須從韋斯特蘭酒廠的網站上列印幾頁內容，接下來交待我的工程師和建築工人照著做就可以了。

儘管開場影片堂皇浮誇、旁白說教個沒完、劇本曬的都是陳腔濫調，但韋斯特蘭酒廠的作法顯然是奏效的！不僅老闆豪砸萬金，狂熱的消費者也喜歡它，而且價格也很高。奧勒岡白橡木桶美國單一麥芽威士忌的零售價約為一百六十五英鎊，對一款年輕的威士忌來說，這是一筆不小的數目！

美國單一麥芽威士忌現在已成為新顯學！正如我們所見，它正在打下自己的一片天！而韋斯特蘭酒廠正在執行饒富趣味的事，他們勇於嘗鮮、打頭陣，敢於挑戰傳統觀念或權威，並打造新傳統。毫無疑問，這就是人頭馬君度集團掏出支票簿收購他們酒廠的原因。奧勒岡白橡木反映了韋斯特蘭酒廠在稀有本土奧勒岡白橡樹方面所進行的工作——種植新樹並努力恢復這種曾經瀕臨滅絕的本土物種所在環境的健康和多樣性、多元化。

要是各位喜歡，旗艦產品美國橡木桶威士忌的售價為七十英鎊左右，價格相當適中，有雪莉風味桶或泥煤風味桶可供選擇。它不是蘇格蘭威士忌，但這就是重點！這一款威士忌絕對值得注意！

品飲筆記

色澤 .... **嗅覺** ....

味覺 .... **餘韻** ....

98

製造商	義大利金巴利集團美國子公司 Campari America, LLC
酒廠	美國肯塔基州勞倫斯堡市的 野火雞酒廠 Wild Turkey, Lawrenceburg, Kentucky
遊客中心	有
哪裡買	銷售點遍布全球
網址	www.wildturkeybourbon.com
價格	

產地

年分

評鑑

野火雞（Wild Turkey）

101波本威士忌（101 Kentucky Straight Bourbon）

有時，在近年來圍繞著威士忌紛至沓來的所有空談、興奮和一片喧囂聲中——我想到的是那些價值數百萬英鎊的威士忌，在酒桶「投資」上，有好心人士幫忙報明牌，他們願意為我指點明燈，讓我飽嘗獲利甜頭，以及一連串不斷推出的陳年威士忌——大家很可能會忽略那些歷久不衰的經典威士忌！

這裡就有一個例子——野火雞101波本威士忌！這款威士忌恬謐不喧嘩，不過它的酒精濃度卻高達50.5%，是美國首屈一指最暢銷的波本威士忌，六十多年來一直由被譽為「波本威士忌之神」且被公認為「釀酒大師中的大師」的詹姆士·C.·吉米·拉塞爾（James C. 'Jimmy ' Russell）操刀釀造而成，這是一項可能永遠無法被超越的成就——如今他的兒子艾迪（Eddie）是擁有三十年以上經驗的釀酒傳奇人物，仍在追隨父親的腳步。

從這個紀錄中，我們可以得到以下結論：他們知道自己在做什麼！然而，儘管款式有差別的威士忌和限量發行版比比皆是，不過，101波本威士忌仍是該品牌的精華，也是該酒廠的核心形象。此外，儘管二〇〇九年四月野火雞品牌和該酒廠被賣給義大利的金巴利集團（Gruppo Campari），不過這個品牌形象仍持續著。

雖然這樁買賣引來了一些擔憂，不過事實證明，金巴利集團是敏銳的老闆，他們投資興建了一座引人注目的新遊客中心，並透過一些精明的長期策略，搭上了這班波本威士忌復甦的順風車，因此，要記住，產品銷售量大、歷史悠久並不表示它不優秀，事實上，透過大規模生產、團隊的經驗和穩定性就可能實現規模經濟，更不用說規模較小的競爭對手根本無法企及的、令人羨慕的存貨，這些都代表有時會出現物超所值的產品。

這裡的情況確實就是如此，這款濃郁醇厚的波本威士忌，售價不到三十五英鎊，是品嘗經典之作的絕佳契機！尤其是它的酒精濃度和6年陳釀！跟它搭配的還有101裸麥威士忌和數量龐大、難得一見的野火雞尊釀威士忌原酒（Rare Breed）小批次產品。

品飲筆記

色澤	....	嗅覺	....
味覺	....	餘韻	....

99

製造商	白峰酒廠股份有限公司 White Peak Distillery Ltd
酒廠	英格蘭德比郡安伯蓋特村的 白峰酒廠 White Peak, Ambergate, Derbyshire
遊客中心	有
哪裡買	專賣店
網址	www.whitepeakdistillery.co.uk
價格	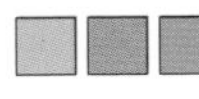

產地

年分

評鑑

鐵絲工廠（Wire Works）

單一麥芽英國威士忌（Single Malt English Whisky）

值得注意的是，這是英格蘭威士忌第五次出現在這本書中，假如回顧本書第一版（二〇一〇年出版），當時只提到一家來自羅德漢姆區的英格蘭酒廠（請參閱第31款）。不過即使不是101家，這裡也可能會有更多，因為英格蘭威士忌產業一飛衝天、欣欣尚榮！

白峰酒廠也是一些優質琴酒的發源地，該酒廠專案耗資三百五十萬英鎊，座落於世界遺產蔥蔥鬱鬱的中心地帶、德文特河畔一座舊電線廠內（因此得名），白峰酒廠對這段歷史有深刻的記憶，並全心全意期望打造出植根於德比郡的一種獨特英國風味的威士忌。因此，白峰酒廠刻意將重點放在幫助製造大部分該酒廠，以及為發酵提供酵母的附近酒廠的當地行業上。

雖然在十多年前已經開始規劃，並師事著名的吉姆・斯萬博士等專家顧問，向他們請益，但聯合創辦人馬克斯和克萊爾・禾根一直在努力尋找自己的道路，並尊重當地的原產地。第一批威士忌於二〇二二年一月推出，僅有五千多瓶，不過已經準備了相當多的庫存，並將陸續推出更多威士忌，探索各式各樣的風格和口感。

最初推出的版本主要使用無泥煤的英國大麥，並添加了約20%有泥煤的蘇格蘭大麥，賦予它令人愉悅的果香濃郁和輕微泥煤的風格。斯萬的影響力在他首創的STR〔刨桶（shaved）、烘桶（toasted）、燒桶（re-char）〕木桶風格的使用上顯而易見，但白峰酒廠也成功協商使用了標誌性的海悅（Heaven Hill）酒廠採購的前波本威士忌酒桶，這種創造力展現出白峰酒廠的周密完善，以及他們在努力打造自己酒廠風格時，願意進行實驗的表現。

從謳歌與古老電線廠有著承先啟後關聯的獨特酒瓶，到50.3%的最初裝瓶酒精濃度，這是一款來自完美新進酒廠的大膽、讓人放心、可靠的威士忌！事實上，各位可以說他們是務實的！

品飲筆記

色澤 .... 嗅覺 ....

味覺 .... 餘韻 ....

100

製造商 百富門公司 Brown-Forman Corporation

酒廠 美國肯塔基州凡爾賽市的渥福精選酒廠 Woodford Reserve, Versailles, Kentucky

遊客中心 有

哪裡買 銷售點遍布全球

網址 www.woodfordreserve.com

價格 

產地

年分

評鑑

渥福精選（Woodford Reserve）

蒸餾廠精選系列（Distiller's Select）

我偷懶！渥福精選又一次排在最後面了——事實上，這已經是我第五次（第五版書）把這款威士忌列入我的口袋名單裡了！各位可能會認為這是因為我在犯懶，或是在接近第一百零一款參賽威士忌時，完全精疲力竭的緣故，但事實並非如此！甚至在考慮它的價值之前，渥福精選也絕對不能被排除在任何即使已經排名到中間的優質威士忌名單之外！另外則是由於它在英文字母表裡位置的關係。

坦白說，一看價格，我就不打算放棄它了——極少有威士忌能集如此精彩的背景故事、時尚的外觀、無與倫比的品質和低至三十英鎊的售價於一身！有什麼道理不喝它一杯呢？

很快重新聊一下渥福精選的資歷吧！它是首屈一指最早的單一批次波本威士忌。從本質上講，它是美國對單一麥芽蘇格蘭威士忌現象的回應，也是讓波本威士忌這個藍領階級的形象再次變得時尚的嘗試。耗資一千四百萬美元修復了舊拉博特和葛拉罕酒廠、來自一家主要是家族企業的長期承諾（雖然各位可以買股票，但要是在幾年前就買股票，情況可能會更糟）*48以及才華橫溢的蒸餾團隊，這才造就了這款始終如一的金漿玉醴！

它的母公司美國百富門公司還擁有傑克丹尼（不納入這分口袋名單，只是因為它有點——各位知道的，太明顯了）和歐佛斯特（請參閱第80款，它很好，應該更出名）以及三種來自蘇格蘭的單一麥芽威士忌——是的，各位會在這本書裡找到這三款威士忌（第11、41 和44款）。如果這不能解釋關於這家公司的來頭，那就表示各位還沒有關注過這家公司。

如今，除了這款「入門級」（這個名詞從未如此不恰當過）蒸餾廠精選系列之外，該系列還包括各色各樣一大堆的威士忌款式。我唯一失望的是他們認為推出限量版百家樂版（別問價格）是合適的——對啦！瓶子非常優雅，但真是畫蛇添足！

不過，還剩下一款了！現在給自己倒杯威士忌吧！這是各位應得的！

品飲筆記

色澤		**嗅覺**	
味覺		**餘韻**	

101

製造商 | 琥珀飲料集團 Amber Beverage Group

酒廠 | 未公開

遊客中心 | 無

哪裡買 | 專賣店

網址 | www.walshwhiskey.com

價格 | 

產地

年分

評鑑

作家之淚（Writers Tears）

銅壺式蒸餾（Copper Pot）

我幾乎原諒了作家之淚威士忌漏掉了撇號，儘管這個標籤有時確實令人心煩，但是，用威士忌來表達撰寫一本威士忌書的過程中湧上來的喜悅、沮喪、興奮和失望的淚水，是多麼美好啊！還有什麼比愛爾蘭壺式蒸餾威士忌更好的選擇呢？喬伊斯、貝克特、王爾德或蕭伯納在努力尋找靈感的過程中，可能都靠這種風格的威士忌當作後盾，無論這個故事的真相如何——他們哭泣時，他們的眼淚都是威士忌——這都是一個令人愉快的想法！

瓦斯威士忌的故事裡有催人淚下的小説情節——該公司由伯納德・瓦斯（Bernard Walsh）與蘿絲瑪麗・瓦斯（Rosemary Walsh）夫婦檔聯手於一九九九年在卡洛郡成立公司，工作是獨立裝瓶商，該公司交出了令人羨慕的出口業務成績單，並於二〇一六年與義大利的莎蘿娜酒廠（Illva Saronno）合作開設了自己的酒廠。然而，由於對這間酒廠要如何發展，雙方看法不一，合作關係很快就破局，這家酒廠〔今天被稱為皇家橡樹（Royal Oak）〕則被這家義大利集團完全接管。

瓦斯威士忌繼續經營這些品牌，但在二〇二一年十一月時，這項業務被賣給盧森堡的琥珀飲料集團，這件事顯示了他們是頭一遭涉足威士忌的領域，初步報告指出，伯納德・瓦斯將繼續擔任總經理一職。

真夠戲劇性了！我們這裡擁有的是一款獨特的純壺式與愛爾蘭單一麥芽的調和威士忌，幾乎可以肯定它來自科克郡的米德爾頓酒廠，儘管奇怪的是，在這個透明化的時代，居然沒有人真的承認這一點！無論來源如何，它都是上好釃酒，而且十分合算，而在研究過程中，威士忌灑瀉玻璃杯中的輕音樂則譜成令人愉悦的插曲！

最近，作家之淚系列產品線擴增，在該品牌的網站上有個獨具匠心的互動風味輪盤，讓大家可以選擇自己偏好的口味，列印出專屬個人風格的威士忌版本，並挑選出最符合自己喜好的「作家之淚」威士忌，這真的讓人樂壞了！而且也是一種或多或少無害的出走——真的應該筆耕墨耘時，卻跑去玩輪盤，當作是研究威士忌，逃避一下寫書的折磨！反正這就是我的藉口啦！

品飲筆記

色澤		**嗅覺**	
味覺		**餘韻**	

RC

如何品嘗威士忌以及使用這本書

品嘗威士忌——任何威士忌——很簡單，遵循這些簡單的規則，各位就能盡情享受自己的威士忌！

1. 使用合適的玻璃杯，啤酒杯是不行的，各位需要的是格蘭凱恩威士忌聞香杯玻璃杯（可從www.glencairn.co.uk線上購買），或者是威士忌交易所提供的極好且時尚的專業調酒杯（價格不低，但光看造型價值，就覺得錢花得很值得），要是找不到這樣的玻璃杯，可以用西班牙雪莉酒杯或白蘭地杯來集中揮發的香氣，幫助各位「嗅」出威士忌的味道。

2. 透過聯想來確定香氣和味道——比方說新割草的氣味、香草口味太妃糖或水果蛋糕的濃郁味道。

3. 加一點水，兌水可以打開「威士忌的風味」，並且防止味蕾被酒精麻痺。

4. 將威士忌在口腔裡滾動並「咀嚼」，給它一點時間舒展開來。威士忌已經窖藏多年，至少給它幾秒鐘，一轉眼就會充分感受到風味鋪天蓋地而來。

5. 最後要思考的是「餘韻」，或者說揮之不去、遺留下來的味道，它持續得如何？會出現什麼新的味道？

放鬆心情，不斷練習，各位沒多久就會發現威士忌獨特的豐富內涵！

各位想像一下自己即將去異地旅行，把這本書當作踏進新國家的旅遊指南，它會向各位展示一些各位茫然不知的景點，或者在旅程中可能會忽略的景點。我並不自稱是個萬事通，各位喜歡什麼威士忌，我心中沒有數，也沒有理由假設各位會跟我喜歡一樣的威士忌，這就是為什麼這本書沒有評分的原因。不過各位大可放心，出現在這裡的每一款威士忌都是其來有自，而且它們都是同類威士忌中的上乘之作，往往是極品！

所以，至少嘗試一次這些威士忌吧！在各位有生之年不嘗不快！

哪裡買

為了用最愉悅的方式閱讀本書，各位可以在愈來愈多的一流威士忌酒吧中找到一家，他們會從一系列令人眼花繚亂的威士忌中販售一款給各位。接下來，一旦各位找到了自己命定的威士忌，世界各地持有外賣酒類執照的商店（酒類專賣店）方興未艾，它們都會以威士忌專賣店的身分出現並進行交易，其中很多都非常出色搶眼，店員也知識淵博、熱情好客。我能想到的例子遠至瑞士、新加坡、紐西蘭，當然還有美國。雖然它們提供的選擇可能應有盡有，但為了保持理智，本節只限於介紹英國的情況。在英國擁有眾多傑出優秀的專業威士忌零售商，選擇太多而讓人難以決定，以下幾家零售商的線上購物設施特別完善，而且可以提供國際運送到世界各地——不過各位必須先調查一下，而且不同的國家會有不同的規定。

Master of Malt 麥芽大師
www.masterofmalt.com
Royal Mile Whiskies, Edinburgh 愛丁堡皇家英里知名威士忌專賣店
www.royalmilewhiskies.com
The Whisky Exchange, London 倫敦威士忌交易所
www.thewhiskyexchange.com

但最理想的是，大家應該瀏覽並跟熱心而且消息靈通的店員交談。還有相當多不錯的商店，包括一些小型連鎖店，好比遍布英國的威士忌商店、擁有五家商店的羅伯特－格雷厄姆威士忌公司（Robert Graham's）以及在坎培爾城、愛丁堡和倫敦都能找到的凱德漢威士忌商店（Cadenhead's）。在倫敦，大家還可以發現到有威士忌交易所、享樂主義（Hedonism Wines）、貝瑞兄弟與路德（Berry Bros & Rudd）、米洛伊（Milroy's of Soho）、復古之家（The Vintage House）以及許多規模較小但品質卓越的獨立酒商。在英格蘭更遠的地方，名聲極盛的商店則有一小杯威士忌（The Wee Dram，貝克威爾鎮）、林肯威士忌商店（Lincoln Whisky Shop）、阿克萊特（Arkwrights，海沃思鎮暨民政教區）、尼克爾斯和佩爾克斯（Nickolls & Perks，斯托布里奇市）、很難找到威士忌（Hard to Find Whisky，伯明罕市）與威士忌（Whiskys，史丹佛橋村暨民政教區）。越過邊境還有威士忌商店（The Whisky Shop，達夫鎮）、威士忌城堡（The Whisky Castle，都明多村）、派克斯威士忌（Parkers Whisky，班夫鎮）、蘇格蘭威士忌（Whiskies of Scotland，亨特利鎮）、露維安（Luvians，聖安德

魯斯大鎮）和綠色威利商店（The Green Welly Shop，泰恩德拉姆鎮）。最重要的是，在埃爾金（Elgin）的高登麥克菲爾（Gordon & MacPhail）商店是一座聖地，非常值得一遊！

愈來愈多的品牌擁有自己的線上銷售系統，可以提供限量版瓶裝酒（可能是跟酒廠遊客中心在一起的），這些酒不會出現在其他任何地方喔！

最近，線上威士忌拍賣網站暴增，現在，在一些令人難以置信的價格的吸引下，主要的老牌拍賣商已重返市場，大多數拍賣商都是誠實可靠的，而且有採取措施，確保假酒不會流入市場。我在www.whisky.auction和www.scotchwhiskyauctions.com都有蠻好的體驗，如果各位仔細查找，會發現有很多便宜貨，但不要忘了考慮落鎚價佣金（外加可怕的增值稅）以及運費。

關於新酒桶的「投資」，我最後要說一句：這檔事絕對不適合獨自進行！請各位謹慎行事，出了岔子別怪在我頭上啊！

更多資源

書籍

有關威士忌的書籍和網站有很多很多。有人可能會說太多了，不過我在這裡只推薦幾本書供大家進一步閱讀，我的想法是（就像這分威士忌口袋名單一樣）要為求知若渴的大家指點迷津！

第一本關於威士忌的現代書籍是埃涅阿斯・麥克唐納（Aeneas MacDonald）的著作——《威士忌》（*Whisky*），儘管它年代久遠（它第一次亮相是在一九三〇年），不過，作為一本充滿詩意的蘇格蘭威士忌概論，它非常值得一讀，而且依然是一本充滿真知灼見的著作，令人驚嘆不已！最近則是有插圖的精美新版上市了〔多邊形出版社（Birlinn）出版，九・九九英鎊——真便宜！〕好吧，徹底公開吧——這本書是我編輯的！而且，在我已經引起了各位的注意力並且正在替我自己作品打廣告的同時，各位可能會喜歡我的另一部著作《Whiskies Galore》（暫譯，威士忌大全，同一家出版商，價格同樣優惠）中的回憶錄以及旅行故事。

關於蘇格蘭威士忌產業的歷史，麥可・莫斯曼（Michael Moss）和約翰・休姆（John Hume）的《The Making of Scotch Whisky》（暫譯，蘇格蘭威士忌的釀造）很有價值，不過這本書內容枯燥，而且現在已經有些過時了。查爾斯・麥克萊恩（Charles Maclean）的大作《Scotch Whisky: A Liquid History》（暫譯，威士忌：流金溢彩500年）則比較容易理解。查爾斯最近獲得了非他莫屬的最優秀的大英帝國勳章員佐勳章，他還是一本非常有用的簡短入門讀物《Exploring Blended Scotch》（暫譯，探索調和式蘇格蘭威士忌，International Wine and Food Society出版）的共同作者〔與斯圖爾特・利夫（Stuart Leaf）合著〕，該書篇幅不長，是一本簡潔易讀的調和原理與實務作法概述。

加文・D・史密斯（Gavin D. Smith）對蘇格蘭威士忌的人和個性了解得十分透澈，雖然它已經出版多年，但《The Whisky Men》（暫譯，威士忌人）仍然值得一看。同樣，假如想評估蘇格蘭威士忌的口味，不妨嘗試一下大衛・威沙特（David Wishart）的《Whisky Classified》（暫譯，威士忌分類）。

關於日本威士忌的英文資料相對不多，但它已經變得非常時尚了！不過，戴夫・布魯姆（Dave Broom）最近出版的一本《威士忌尋道之旅：日本威士忌中的職人精神與美學之道》（大石國際文化）應該可以滿足大部分需求；而烏爾夫・布克斯魯德（Ulf Buxrud）的《Whisky: The Final Edition》（暫譯，威士忌：最終版）則介紹了日本秩父菊水、羽生和秩父酒廠的故事。彼得・穆爾楊（Peter Mulryan）的《The Whiskeys of Ireland》（暫譯，愛爾蘭威士忌）對當代愛爾蘭威士忌提出了迫切需要進行的分析。而費昂南・奧康納（Fionnán O'Connor）的著作《A Glass Apart》（暫譯，與眾不同的玻璃杯）則是一本圖文並茂的好書，它可以為任何圖書館增添光彩！

如果須要全面廣泛了解全世界威士忌的報導以及基本介紹，請查閱查爾斯・麥克萊恩（Charles Maclean）編輯的《World Whisky》（暫譯，世界威士忌），我是眾多撰稿人之一。或者可參考多米尼克・羅斯克羅夫（Dominic Roskrow）針對世界威士忌界最新動態在newwizards.co.uk上製作的一本免費電子雜誌《Stills Crazy》（瘋釀酒場），他還完整詳盡地撰寫了關於日本和美國威士忌的文章。

由克萊・黎森（Clay Risen）、奇普・塔特（Chip Tate）和卡羅・德維托（Carlo DeVito）共同執筆的《The New Single Malt Whiskey》（暫譯，新單一麥芽威士忌）一書，則從美國人的角度提供了蘇格蘭和「新世界」單一麥芽威士忌指南。佛瑞德・明尼克（Fred Minnick）以及盧・布萊森（Lew Bryson）也都搖筆桿創作出關 於美國威士忌的觀點權威文章。

長期擔任帝亞吉歐（Diageo）公關人員的尼古拉斯・摩根（Nicholas Morgan）博士一直在耕耘《A Long Stride》（暫譯，大步向前）一書，他在此書中，全面介紹了約翰走路威士忌的歷史——儘管不可避免地，他從企業的角度對該品牌提出了看法。他很快就退休了，隨後只有再出版了《Everything You Need To Know About Whisky》（暫譯，關於威士忌，你須要知道的一切），然而，儘管這個書名道出了讀者的心聲，不過，在我看來，它幾乎並沒有提供什麼其他出版品不曾詳盡介紹過的內容。同樣，比利・阿博特（Billy Abbott）的《The Philosophy of Whisky》（暫譯，威士忌哲學）雖然是一本令人愉快的短篇調查報告，但它的內容跟光是書名就令大家翹首引領的結果相去甚遠。

有些人認為吉姆・莫瑞（Jim Murray）的年度《Whisky Bible》（暫譯，威士忌聖經）很實用，不過他的一些品飲筆記卻引起軒然大波，這些品酒筆記因物化女性而引人非議。很難相信未來的品飲筆記可能會帶有觸發警告，但他的風格顯然不迎合每個人的口味。

《Malt Whisky Yearbook》（暫譯，麥芽威士忌年鑒）每年發行一次，不要被它的名字所迷惑——所有威士忌都在這裡，它是一本彌足珍貴的指南，會準確、定期更新，是一座有趣信息的寶庫，尤其是關於新酒廠和新世界生產商的資訊。

還有更多威士忌書籍層出疊見，但可悲的是，在一個指不勝屈並且百家爭鳴的領域中，要找到一位真正有新意的作者變得愈來愈不容易！對於我忽略的任何更值得注意的作品，謹此致歉！

雜誌

有各式各樣的威士忌雜誌，見解最精闢的英語雜誌説不定是《Whisky Magazine》（英國出品，也有法語版）和美國版的《Whisky Advocate》（推廣威士忌）；製作精美的《Whisky Quarterly》（威士忌季刊）似乎也是這一大規模流行的的受害者。

網站

實際上，有成百上千個關於威士忌的網站，從細大無遺到貧乏不足、從權威可靠到千奇百怪，不一而足。遺憾的是，Malt Maniacs（麥芽狂人）網站（www.malt-whisky-madness.com）似乎已成為這一大規模流行的受害者，但它的檔案仍值得一看。部落客來來去去，維護自己的網站時，他們的熱忱和對精確與否的要求程度各不相同，還有社群媒體狂躁混亂！要是哪個品牌沒有自己的網站，我對這件事還真的茫然不解。假如各位去讀酒廠公關的情報，搞不好會發現一些有用的資料。

考慮到網路瞬息萬變，推薦的價值並不大，不過我不得不向各位推薦奇特又吸引人的拉爾夫·米契爾（Ralf Mitchell），他的網站是 www.ralfy.com。到目前為止，最好的播客是製作非常專業的 www.whiskycast.com。不過，坦率地説，外面是一片叢林，不過要是花幾個小時瀏覽，就會發現到比自己想像的還要多的威士忌網站，而且很快就會找到一些愛不忍釋的網站，假使沒有，也可以隨時推出自己的部落格，祝大家好運！

致謝

真的很難讓人相信，早在二〇一〇年，出版商——它們數量多到數不清啊——就拒絕了我最初的想法（顯然是「威士忌書籍已經多如牛毛了」），但這只反而激勵我的經紀人茱迪．莫爾，讓她變得更加卯足了勁。她是一位得力助手、而且總是鼓勵著我，她從一開始就相信這個想法，感謝她和阿歇特圖書出版集團蘇格蘭公司的鮑伯．麥克德維特的熱情和支持，在艾瑪．泰特和強納森．泰勒近期的指導下，我們才有了第五版和它的外傳——《101 Legendary Whiskies》（暫譯，101種傳奇威士忌）以及《101 Craft & World Whiskies》（暫譯，101種精釀與世界威士忌）。

誰能想到呢？不過，最誠摯的謝意還是要獻給各位——親愛的讀者，萬分感謝各位持續給予我關注、支持和熱情！

在修訂本書和撰寫新參賽威士忌作品時，我的妻子琳賽一直非常有耐心地忍受著我的暴躁情緒和神經崩潰。我們現在已經寫到第五版了（我剛才提到過這一點嗎？）事實上，她已經開始在網上打橋牌了，所以也許她還沒有注意到……不管怎樣，我最衷心感激的是她！

不容忽視的艾瑪．泰特一樣是負責的編輯，她一如既往完成了編輯工作，她的表現超群，使這本書能夠以加倍的速度付梓。這本書清晰易讀的設計再次出自琳恩．卡爾之手，而派翠克．英索又一次對封面進行了富有想像力的重新設計，對此我們深表感謝！

當然，若書中有任何錯誤是我造成的，不過我們會在第六版裡把它們解決掉——假如有第六版的話！

註釋

* 註 1：名列全世界十大最貴威士忌，二〇二〇年起拍價為三十五萬英鎊。
* 註 2：售價為新臺幣七十萬元，全球限量二百五十盒，臺灣僅限量八盒，每盒擁有專屬編號。
* 註 3：蘇格蘭威士忌界最受人尊崇的社團「蘇格蘭雙耳酒杯執持者協會」（The Keepers of the Quaich）終生會員暨執杯大師。
* 註 4：指在裝瓶的過程中，不加水稀釋、非冷凝過濾、無焦糖染色，直接保留木桶中酒精的濃度及風味瓶。
* 註 5：澳羅洛梭雪利酒會賦予威士忌諸如蜜餞、果乾、堅果、巧克力、可可、咖啡等風味。
* 註 6：由產自西班牙南部安達盧西亞赫雷斯—德拉弗龍特拉的白葡萄所釀製的加強葡萄酒。
* 註 7：位於蘇格蘭莫雷克雷格拉奇的單一麥芽蘇格蘭威士忌酒廠。一八二四年創立，該品牌獲譽為世界頂尖威士忌。
* 註 8：一八三六年創立，二〇二三年第三度被極具公信力的英國《Whisky Magazine》票選為「年度最佳酒廠」。
* 註 9：全名為 Alcohol by volume，指攝氏二十度時酒液中含有的乙醇體積百分比，酒精體積讀數通常為 alc / vol 或 ABV，在數字後一般會接上「%」或「度」。
* 註 10：指酒在口中的「重量」和「質感」，主要由舌頭感知，並不是指酒的物理重量。它是一個比較主觀的概念，跟酒實際的重量無關，而跟酒的酒精度、甘油和酸有關。
* 註 11：指在大的圓型木槽中加入麥芽汁與酵母，兩天後會初步發酵成為類似啤酒的低酒精液體。
* 註 12：製成木桶側面的板條，經水澆火烤後變彎，形成弧形桶身。
* 註 13：赫雷斯 - 德拉弗龍特拉（Jerez de la Frontera）是雪利酒的故鄉。
* 註 14：這種陳釀方法是使不同陳釀年分的酒，混合成為味道和酒精含量一致的酒品。
* 註 15：是最便宜和最廣泛生產的波特酒。發酵後，它被存放在混凝土或不鏽鋼製成的罐子中，陳釀過程防止氧化，並保持其豐富的紅葡萄酒色澤。
* 註 16：美國標準桶的四分之一的大小，就是約四十五至五十公升。
* 註 17：六百五十公升，以厚片的歐洲橡木製成，外型較長且窄，用在熟

成波特酒上，之後威士忌產業會用它來進行過桶熟成。

* 註 18：雖然不是出自貝克特（Beckett）之筆，不過要是大家仔細想想，這跟威士忌湊在一起似乎頗貼切。

* 註 19：或譯阿弗雷德·巴納德，英國釀酒和蒸餾史學家，他四十至五十歲（一八八五至一八八七年間）在《哈伯斯週刊》（*Harper's Weekly*）擔任祕書時，參觀了英國和愛爾蘭每家仍在營運的威士忌廠，每周刊登他的酒廠行。

* 註 20：又稱公勺，符號是 cL，是容積單位。厘升主要用於釀酒業，用來表示酒的容量。一厘升等於毫升。

* 註 21：帝亞吉歐集團與 HBO 熱門影集《冰與火之歌：權力遊戲》合作推出的全球限量系列酒款，並根據酒廠特色，打造出對應影集中家族的酒款。

* 註 22：這或許是好事，因為一旦蘇格蘭最後宣布獨立時，就需要他們了。

* 註 23：指大英帝國首相威廉·格萊斯頓（Mr. William Gladstone），首相之斧調和麥芽蘇格蘭威士忌的誕生就是為了向他致敬。

* 註 24：被媒體稱為「英國最暴力罪犯」，會持斧頭犯案。

* 註 25：英國一對雙胞胎兄弟，是五、六〇年代英國倫敦東區最惡名昭彰的黑幫頭目。

* 註 26：允許製酒業者在保稅倉庫（bonded warehouse，應稅商品存放於此可暫時豁免關稅）裡，把麥芽威士忌和穀物威士忌調和在一起。

* 註 27：八〇年代蘇格蘭威士忌產業的盲目自信和大規模過度生產，曾造就整個產業庫存過量的「威士忌湖」現象，僅在十年中，就有超過四十家酒廠開業。

* 註 28：黏度是指不同黏度的液體混合時產生的湍流，特別是形成渦流（也稱為「黏度渦旋」）和不同液體的可見分離線。黏度是威士忌品鑒的古老專業術語，黏度測定是威士忌品質的判別工具。

* 註 29：Sukhinder 和 Rajbir Singh 兄弟一九九九年創立威士忌交易所（The Whisky Exchange）線上威士忌商店。兄弟倆自一九八〇年代起，就在父母的書報亭工作，透過幫助店裏的顧客對威士忌產生了興趣。該平臺的客戶遍布世界各地，因此，國際威士忌界一直是威士忌交易所的重心。

* 註 30：一七八四年《酒汁法》和一七八六年《蒸餾器法》的頒布，畫出了一條所謂的「高地線」，將蘇格蘭切分為「高地」和「低地」兩大區，高地區的酒廠僅能使用當地種植的穀物，每年僅能消耗二十五噸的穀物，更不能將他們產出的威士忌出口到低地區。小

量生產的高地區威士忌在消費者眼中遂成了品質相對較高的代表。高地與低地區的差異稅收一直到一八一六年的《小蒸餾法案》才被消除。

* 註 31：著名的蘇格蘭威士忌品牌和酒廠。
* 註 32：讓徵收威士忌稅賦的制度更加完善，使私釀酒幾乎絕迹。
* 註 33：塔迪斯全名為時間和空間相對維度（Time and Relative Dimension in Space），是英國長壽科幻電視劇《超時空奇俠》（*Doctor Who*）及其相關作品中的一臺虛構時間機器和太空飛行器。
* 註 34：允許使用者設定特定標準，並在達到該標準後，立即收到企業發送的簡訊短文通知，提醒使用者注意重要訊息。
* 註 35：英國老牌雜誌《私家偵探》（*Private Eye*）的專題製作，該雜誌創辦於一九六一年十一月，為新聞時事報導刊物，以諷刺揭發各種醜聞為主。
* 註 36：我可能發明了其中一種——各位看看能不能找得出來！
* 註 37：指對觀賞火車特別熱情的人！這或多或少就是強迫症的意思，不過，我認為這種熱切的偏執狂很棒啊！
* 註 38：不完全是不肖精釀手工烈酒生產商的形象，不是嗎？
* 註 39：推這部影片給各位《反鬥智多星 2》（*Wayne's World 2*）的影迷參考一下！
* 註 40：指美國強力漂白水品牌，各位在家裡不要試啊！
* 註 41：各位可能會想到冷核融合反應器其他更有益於社會的用途，不過他們就是這麼說的……。
* 註 42：阿夫雷德．巴納（Alfred Barnard）說明了十九世紀末出現了柱式蒸餾麥芽威士忌，以及羅曼德湖酒廠（Loch Lomond Distillery）於二〇〇七年用柱式蒸餾器中釀造了「單一麥芽」〔羅夢湖（Rhosdhu）〕，而且，我們還可以品嘗到來自日本的大日本果汁株式會社（Nikka）的優質科菲麥芽威士忌（Coffey Malt）。
* 註 43：「舊世界」指五大產地：蘇格蘭、日本、愛爾蘭、美國、加拿大，世界其他角落則是新崛起的「新世界」，比方瑞典、臺灣的威士忌。
* 註 44：澳洲的葡萄酒生產商現今使用名稱「apera」以取代「sherry」。
* 註 45：指英國布里斯托飛機公司（Bristol Aeroplane Company）在一九五〇年代設計生產的「布拉巴宗」客機（Bristol Brabazon），天頂酒廠威士忌與該飛機同名，該飛機雖然滿足了飛機公司對它苛刻的性能要求，可惜仍然被證明為商業上的失敗，因為航空公司認為來往英美兩地的跨大西洋航線市場還沒有大到足以負擔、營運

這樣龐大而昂貴的飛機。

* 註 46：以丹麥出生的俄羅斯航海家維圖斯·白令（Vitus Bering）的名字命名，該海峽寬五十三英里，天寒地凍。

* 註 47：微氣候是指一個細小範圍內與周邊環境有異的現象。

* 註 48：這不是投資建議；可選擇其他酒類公司的股票。

Note

Note

國家圖書館出版品預行編目(CIP)資料

威士忌101款品飲圖鑑/伊恩.巴士頓(Ian Buxton)作 ; 吳郁芸譯. -- 初版. -- 新北市 : 世潮出版有限公司, 2024.12
面 ; 公分. -- (暢銷精選 ; 92)
譯自 : 101 whiskies to try before you die, 5th ed.

ISBN 978-986-259-105-5(平裝)

1.CST: 威士忌酒 2.CST: 品酒

463.834 113014579

暢銷精選92

威士忌101款品飲圖鑑

作　　者 / 伊恩・巴士頓
譯　　者 / 吳郁芸
主　　編 / 楊鈺儀
編　　輯 / 陳怡君
封面設計 / Wang Chun-Rou
出 版 者 / 世潮出版有限公司
地　　址 / (231)新北市新店區民生路19號5樓
電　　話 / (02)2218-3277
傳　　真 / (02)2218-3239（訂書專線）
劃撥帳號 / 17528093
戶　　名 / 世潮出版有限公司　單次郵購總金額未滿500元（含），請加80元掛號費
世茂官網 / www.coolbooks.com.tw
排版製版 / 辰皓國際出版製作有限公司
初版一刷 / 2024年12月

I S B N / 978-986-259-105-5
E I S B N / 9789862591031 (PDF) 9789862591048 (EPUB)
定　　價 / 520元